AF565871

MILITÄR DROHNEN

Unbemannte Luftfahrzeuge (UAVs)

Alexander Stilwell

Alexander Stilwell

MILITÄRDROHNEN

Unbemannte Luftfahrzeuge (UAVs)

Titel der Originalausgabe: Military Drones – Unmanned aerial vehicles (UAVs)

Lektorat: Michael Spilling
Design: Mark Batley
Bildredaktion: Terry Forshaw

1. Auflage der deutschen Ausgabe, 2024

ISBN 978-3-948264-25-3

Satz und Layout der deutschen Fassung: Caroline Wydeau
Ins Deutsche übersetzt von: Jürgen Brust
Lektorat: Birgit Arnold
Schlussredaktion: Karola Wieland

Druck: Print Consult
Printed in EU

INHALT

4 | VTOL-DROHNEN 112

5 | BEWAFFNETE UND UNBEWAFFNETE DROHNEN DER ZUKUNFT 130

FOTOHINWEISE 142

EINLEITUNG

Militärische Drohnen, die man auch als unbemannte Luftfahrzeuge bezeichnet, zählen zu den sich am schnellsten entwickelnden Technologien in der modernen Kriegsführung. Das macht es fast unmöglich, einen kompletten Überblick über dieses ständig wachsende Segment zu geben. Dieses Buch beschreibt dennoch die wichtigsten Drohnen, Kampfdrohnen sowie VTOL-Drohnen (Senkrechtstarter), die derzeit im Einsatz oder in der Entwicklung sind. Seit langer Zeit gibt es Drohnen in verschiedenen Formen und Größen, die als Pioniere für die heute bekannten Technologien und Fähigkeiten dienten. Besonders häufig werden Drohnen für Nachrichtengewinnung, Überwachung und Aufklärung eingesetzt. Diese Augen im Himmel bieten den strategischen Befehlshabern, aber auch dem Soldaten an der Front und den Spezialkräften wichtige Informationen. Speziell die Kampfdrohnen zählen zu dem am schnellsten wachsenden und fortschrittlichsten Segment der Drohnentechnologie. Mit Hilfe der Drohnen können militärische Führer Bedrohungen erkennen, aber auch gezielte Angriffe durchführen. Bei den senkrecht startenden und landenden Drohnen gibt es die traditionellen Drehflügler und Hybride, die erst im Flug zu konventionellen Starrflüglern werden. Dieses Buch befasst sich auch mit den noch in Entwicklung befindlichen bewaffneten und unbewaffneten Drohnen und berichtet über die Fortschritte beim Zusammenwirken von Flugzeugen mit Drohnen, die für die Luftwaffe von morgen wichtige Kräftemultiplikatoren darstellen. Diese Technologie entwickelt sich so schnell, dass die Zukunft zum Greifen nah ist.

TECHNOLOGISCHE FORTSCHRITTE

Die rasante Entwicklung der Drohne seit den 1980er-Jahren – als Israel ihren taktischen Wert erkannte und auch die USA sie zu schätzen wusste – ging Hand in Hand mit dem allgemeinen technischen Fortschritt bei den Mikroprozessoren und der immer besseren Videotechnik. Miniaturisierung und immer günstigere Preise

Protector RG Mk 1 (MQ-9B)
Eine britische Protector-Drohne bei Tests auf dem Flugplatz Waddington.

Eagle B-Hunter
Steuerung einer B-Hunter aus einem belgischen Kontrollraum.

führten dazu, dass man kompakte Geräte für komplexe Aufgaben in relativ kleine Luftfahrzeuge packen konnte. Videokompression und Digitalisierung machten es möglich, Bilder hoher Qualität in Echtzeit an Bodenstationen zu funken, wo sie sofort ausgewertet wurden. Dank der seit Ende der 1970er-Jahre immer besseren GPS-Technologie konnten Drohnen programmierte Routen abfliegen und sicher zurückkehren.

Der Satellitenfunk löste die Probleme des konventionellen Funkverkehrs wie atmosphärische Störungen, Geländehindernisse oder Störungen durch den Feind. Nun konnten Drohnen auch außerhalb der Sichtweite gesteuert werden. Die Kameratechnik wurde gleichzeitig für den zivilen Markt weiterentwickelt, so dass Synergien genutzt und kostengünstig geforscht werden konnte. In der Drohnentechnologie konnten auch kleinere Unternehmen Fuß fassen, wenngleich sie später oft von den großen Rüstungsfirmen aufgekauft wurden.

FORTSCHRITTE BEIM ANTRIEB

Alle technischen Komponenten der Drohnen sind weiterentwickelt worden. Da macht auch der Antrieb keine Ausnahme. Große und kleine Drohnen brauchen sparsame Motoren für lange Einsätze, die darüber hinaus auch möglichst leise sein müssen. Das ist besonders wichtig, wenn die Spezialkräfte eine kleine Aufklärungsdrohne aus der Deckung über einen Wald oder eine Stadt schicken. Neben bekannten Firmen wie Rolls-Royce und Rotax gibt es auch neue Unternehmen wie SkyPower, die auf erneuerbare Energien setzen.

Ob Zwei- oder Viertakter, die Motoren müssen auf alle Fälle Treibstoff in Militärqualität vertragen. Um die Effizienz, Reichweite und Ausdauer zu verbessern, sind Tarnkappentechniken weiterzuentwickeln wie zum Beispiel Hyperschall-Nurflügler. Projekte wie die Magma von BAE Systems und der University of Manchester haben keine traditionellen, beweglichen Flugsteuerflächen mehr, um die Reibung zu minimieren.

Dieses Buch gibt eine Übersicht über die Vielfalt der Drohnen, angefangen von den kleinen, handgestarteten Tornistergeräten bis hin zu den Begleitdrohnen für die modernen Kampfflugzeuge.

KAPITEL 1

RQ-2 PIONEER

Eine RQ-2 Pioneer des 3. Drohnenzuges des US Marine Corps auf der Rückkehr von einem Einsatz bei der Operation Wüstenschild während des Golfkriegs 1991. Auch US Navy und US Army setzten die Pioneer ein.

KAPITEL 1: BEREITS EINGEFÜHRTE DROHNEN

KAPITEL 1

PHANTOM DER ISRAELISCHEN LUFTWAFFE
Ein Jagdflugzeug Phantom der israelischen Luftwaffe fliegt im August 1982 über die libanesische Hauptstadt Beirut.

Die in diesem Kapitel vorgestellten Drohnen sind die Pioniere, die den technischen Fortschritt vorangetrieben und sich teilweise auch schon im Kampf bewährt haben. Aber viel zu oft sind die kühnen Träume an der Sturheit der Bürokratie und den Grenzen des Machbaren gescheitert. Oft ist es erst in einem Krisenfall möglich, sich auf das Notwendige zu konzentrieren und das Beste aus den vorhandenen Mitteln zu machen.

Krieg im Libanon

Während der Nahostkrise in den 1980er-Jahren haben Israeli Aircraft Industries (IAI) und Tadiran mit der Scout und der Mastiff brauchbare Drohnen entwickelt, die sich während des Kriegs im Libanon (1982–1985) bewährt haben. Beide spielten eine wichtige Rolle bei der Aufklärung und Überwachung von syrischen Raketenbatterien in der Bekaa-Ebene, wo diese die Möglichkeiten der israelischen Luftwaffe begrenzten, den israelischen Verteidigungsstreitkräften Luftdeckung zu geben.

Im Rahmen einer ausgeklügelten EloKa-Kampagne wurden Mastiff somit über syrischen Raketenbatterien eingesetzt, die daraufhin ihr Radar auf die Drohnen ausrichteten. Die Mastiff nahmen diese Signale auf und leiteten sie an Scout-Drohnen, die in sicherem Abstand flogen. Diese leiteten die Signale wiederum an Frühwarnflugzeuge vom Typ Grumman EC-2 Hawkeye, die vor der Küste flogen und die Koordinaten an die Phantom F-4 weitergaben, die dann die Batterien beschossen.

Scout und Mastiff im Einsatz

Als die syrische Luftwaffe ihre Jagdflugzeuge MiG-21 und MiG-23 einsetzte, kontrollierten Scout und Mastiff, wie viele Flugzeuge gestartet waren. Die EC-2 Hawkeye führten sodann die F-15 Eagle und F-16 der israelischen Luftwaffe gegen die syrischen Jagdflugzeuge und zwar so, dass sie diese von der verwundbaren Seite angreifen konnten.

Die israelischen Jagdflugzeuge waren mit Sparrow- und Sidewinder-Flugkörpern ausgerüstet, die fast immer die Oberhand behielten. Das führte zu einer der größten Luftschlachten seit dem Zweiten Weltkrieg. Die Überlegenheit der westlichen Technologie rüttelte den Kreml wach. Dabei war die Luftüberlegenheit der F-15 Eagle in erster Linie der Aufklärung durch die kleinen israelischen Scout- und Mastiff-Drohnen zu verdanken.

Das fiel auch in den USA auf und man erwarb eine von der Scout inspirierte Drohne, um damit die eigene Entwicklung zu beschleunigen. Zusammen mit Israeli Aircraft Industries entwickelte die AAI Corporation die Pioneer-Drohne, die in den nachfolgenden Jahren ein wichtiges Rückgrat für die US Army, die US Navy und das US Marine Corps werden sollte.

Mit dem Zusammenbruch des Warschauer Pakts kam es unter anderem auf dem Balkan zu Krisen. So ergab sich ein erhöhter Bedarf an Drohnen zur Grenzüberwachung, da man aus politischen Erwägungen keine bemannten Flugzeuge der Gefahr eines Abschusses aussetzen wollte. In den USA beschloss man, die langwierige Beschaffungsbürokratie des Verteidigungsministeriums dadurch zu umgehen, indem man die CIA die Drohnen beschaffen ließ. Im Rahmen dieses Auftrags entwickelte General Atomics/Leading Systems die Gnat-Drohne, die wiederum zur Predator weiterentwickelt wurde.

▶ AAI RQ-2 PIONEER

Die wegweisende Drohne mit dem passenden Namen Pioneer wurde zunächst für die US Navy entwickelt, war aber auch ein wichtiger Aktivposten für das US Marine Corps und die US Army. Bei den US-Militäroperationen in den 1980er-Jahren, unter anderem in Grenada, Libyen und im Libanon, zeigte sich Bedarf an einer einfachen Drohne für die Kommandanten vor Ort zum Zweck der Überhorizont-Zielerfassung, Aufklärung und Gefechtsschadensbewertung. Die Pioneer wurde zunächst 1986 auf der wieder in Dienst gestellten USS Wisconsin eingesetzt. Sie erwies sich als ideal für die Artilleriebeobachtung. Im Jahr darauf kam sie auch beim US Marine Corps zum Einsatz, ab 1990 auch bei der US Army.

Ein Pluspunkt im Irak

Im Krieg gegen den Irak, nach der Invasion Kuwaits im Jahr 1991, war diese Drohne ein wichtiges Mittel. Gerade der Irak war ein idealer Kriegsschauplatz, wo die Pioneer ihre Qualitäten unter Beweis stellen konnte. Sie flog dort über 300 Einsätze. Höhepunkt war eine erfolgreiche Abfangung irakischer Schnellboote, die die US-Flotte bedrohten. Natürlich gab es auch Unfälle und Verluste durch Feindeinwirkung und Abstürze. Während sich die Finanzabteilung über steigende Kosten beklagte, waren die militärischen Führer begeistert. Ihrer Meinung nach hatte sich die Pioneer bewährt.

Schließlich ist der Verlust einer Drohne viel eher zu verkraften als der Verlust eines bemannten Aufklärungsflugzeugs, da im Fall der Drohne keine Toten zu beklagen sind. Die Pioneer hat einen Druckpropeller, zwei Heckausleger und Seitenruder sowie gerade Tragflächen aus

Glasfaser, verstärkt mit Balsaholz. Rumpf, Flügelholme, Heckausleger und Fahrwerkstreben sind aus Aluminium.

Die Pioneer kann mittels einer abwerfbaren Rakete oder eines Katapults gestartet werden. Bei der Landung wird sie mit einem Netz oder einem Fangseil gebremst, in das der Fanghaken einrastet. Sie ist zerlegbar und kann in einer Kiste verstaut werden. Die Steuerung erfolgt über zwei Bediener in der Bodenkontrollstation oder

MQ-1 PREDATOR
Eine bewaffnete MQ-1 Predator des 15th Expeditionary Reconnaissance Squadron bei der Operation Iraqi Freedom auf dem Flugplatz Ali Al Salem in Kuwait.

RADAR
Die gewölbte Stirn der Drohne verbirgt die wichtigste Ausrüstung wie das Radar und das Satellitenkommunikationssystem.

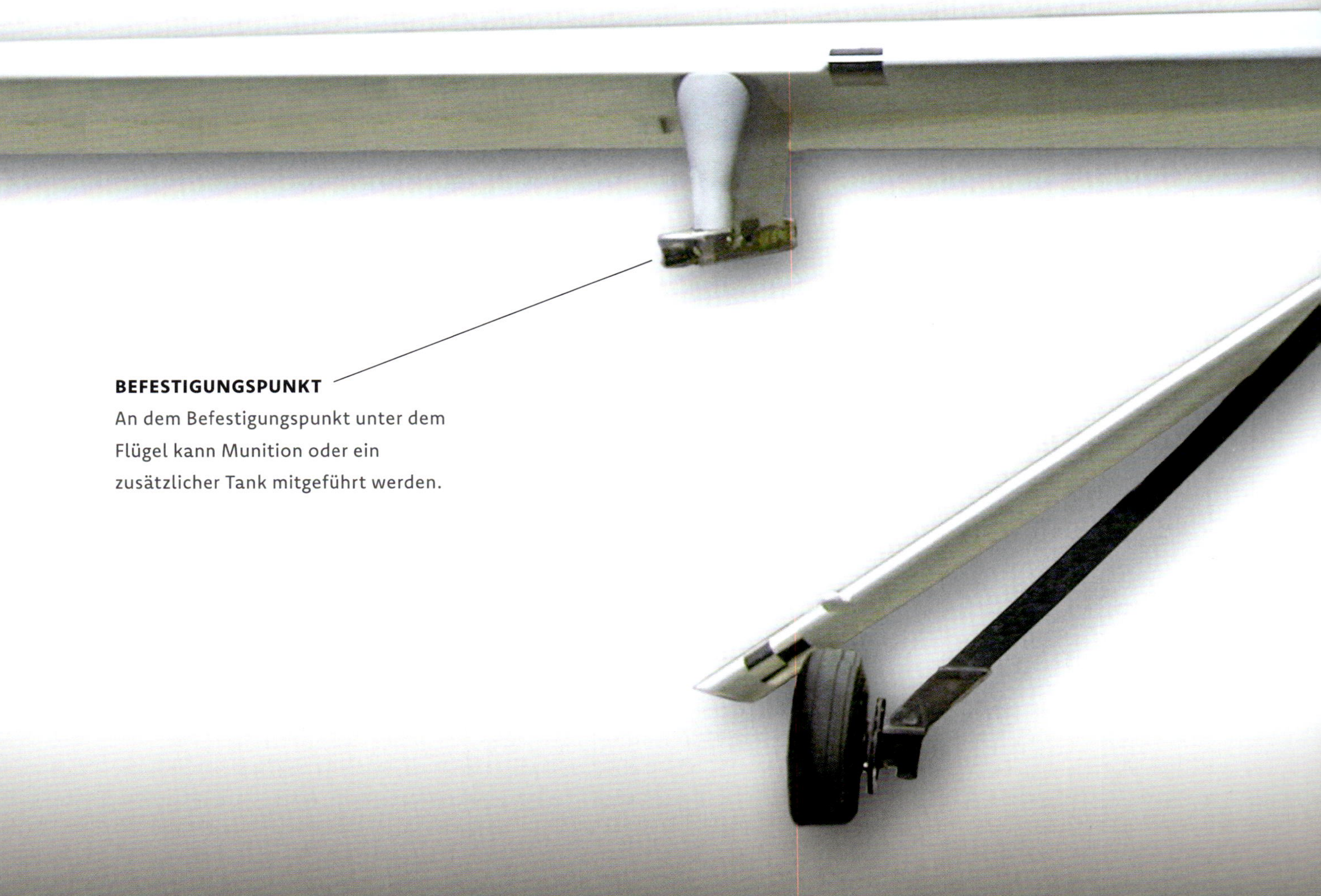

BEFESTIGUNGSPUNKT
An dem Befestigungspunkt unter dem Flügel kann Munition oder ein zusätzlicher Tank mitgeführt werden.

MUNITION
Diese Predator verfügt über Luft-Boden-Raketen AGM-114 Hellfire für Präzisionsschläge.

KARDANISCHE AUFHÄNGUNG
Die kardanische Aufhängung trägt ein multispektrales Zielerfassungssystem AN/AAS-S2, eine Farbkamera im Bug, eine TV-Kamera mit variabler Blende und eine Wärmebildkamera.

RQ-2B PIONEER
Eine Drohne RQ-2B Pioneer auf einem pneumatischen Katapult-Drohnenstartgerät vor dem Start in Al Taqaddum im Irak. Die Pioneer wird als Aufklärungsdrohne eingesetzt. Die Aufgaben reichen vom Erfassen von Daten für die Gefechtsschadensbewertung bis hin zur Anforderung von Luftunterstützung als vorgeschobener Beobachter.

AAI RQ-2 PIONEER

Herkunftsland	USA, Israel
Hersteller	AAI Corporation, IAI
Betreiber	US Navy, US Marine Corps, US Army
Erstflug	1986
Abmessungen	Länge 4,30 m Höhe 1,10 m Spannweite 5,20 m
Startgewicht max.	205,0 kg
Antrieb	Sachs ZF 350 Zweitakt-Kolbenmotor
Höchstgeschwindigkeit	205 km/h
Reichweite/Flugdauer	185 km oder 4 Stunden
Dienstgipfelhöhe	4.600 m (15.100 ft)
Bewaffnung	keine

autonom über einen programmierbaren Autopiloten, der einem bestimmten Flugweg folgt.

Darüber hinaus gibt es eine Steuerung über ein tragbares Kontrollsystem, sodass die Drohne von Soldaten am Boden geführt werden kann. Eine Empfangsstation mit einer Videoanzeige liefert den militärischen Führern Bilder in Echtzeit. Die Pioneer hat auch einen kardanisch aufgehängten elektrooptischen/Infrarot-Sensor, der in Echtzeit analoge Videos über eine Datenübertragung mit Sichtverbindung liefern kann.

▶ GENERAL ATOMICS GNAT-750

Die Gnat-750 wurde aus dem Projekt Amber von Leading Systems entwickelt. Als Leading Systems von General Atomics übernommen wurde, führte man das Projekt unter dem Namen Gnat-750 Tier 1 (Stufe 1) fort. Damals hatte die Gnat noch keine Satelliten-Uplink-Antenne und brauchte deshalb einen Motorsegler vom Typ Schweizer

NICHT SCHIESSEN!

Die 1943 vom Stapel gelaufenen Schlachtschiffe USS Missouri und USS Wisconsin gehörten zur Iowa-Klasse, die für den Krieg gegen Japan als Gegner der schnellen japanischen Schlachtschiffe entwickelt wurde. Die Konstrukteure konnten nicht ahnen, dass diese Schiffe ein halbes Jahrhundert später an einem Hightech-Konflikt teilnehmen würden. Sie wurden nach dem Ende des Zweiten Weltkriegs außer Dienst gestellt und Ende der 1980er-Jahre reaktiviert und modernisiert. Die vorhandenen mächtigen 406-mm-Geschütze wurden durch Marschflugkörper BGM-109 Tomahawk ergänzt. Dazu erhielt die USS Wisconsin acht Drohnen RQ-2 Pioneer für die Artilleriebeobachtung und zur Gefechtsschadensbewertung. Nach der Invasion von Kuwait durch den Irak wurden beide Schlachtschiffe 1991 in den Golf verlegt und kamen auch recht früh zum Einsatz. Am 23. Februar feuerte die USS Missouri auf irakische Stellungen auf der Insel Faylaka vor der Küste der Stadt Kuwait. Als die USS Wisconsin sich näherte, um das Schwesterschiff abzulösen, schickte sie eine Drohne RQ-2 Pioneer zur Insel. Sie wurde bewusst im Tiefflug eingesetzt, um den irakischen Verteidigern klarzumachen, dass noch mehr 406-mm-Geschosse folgen würden. Als die Pioneer sich den irakischen Stellungen näherte, schwenkten die Soldaten als Zeichen ihrer Aufgabe weiße Fahnen und andere weiße Objekte. Das wurde von den Drohnenführern an Bord an den Kapitän der USS Wisconsin gemeldet. Zum ersten Mal in der Geschichte der Kriegsführung hatten sich Soldaten einer Drohne ergeben.

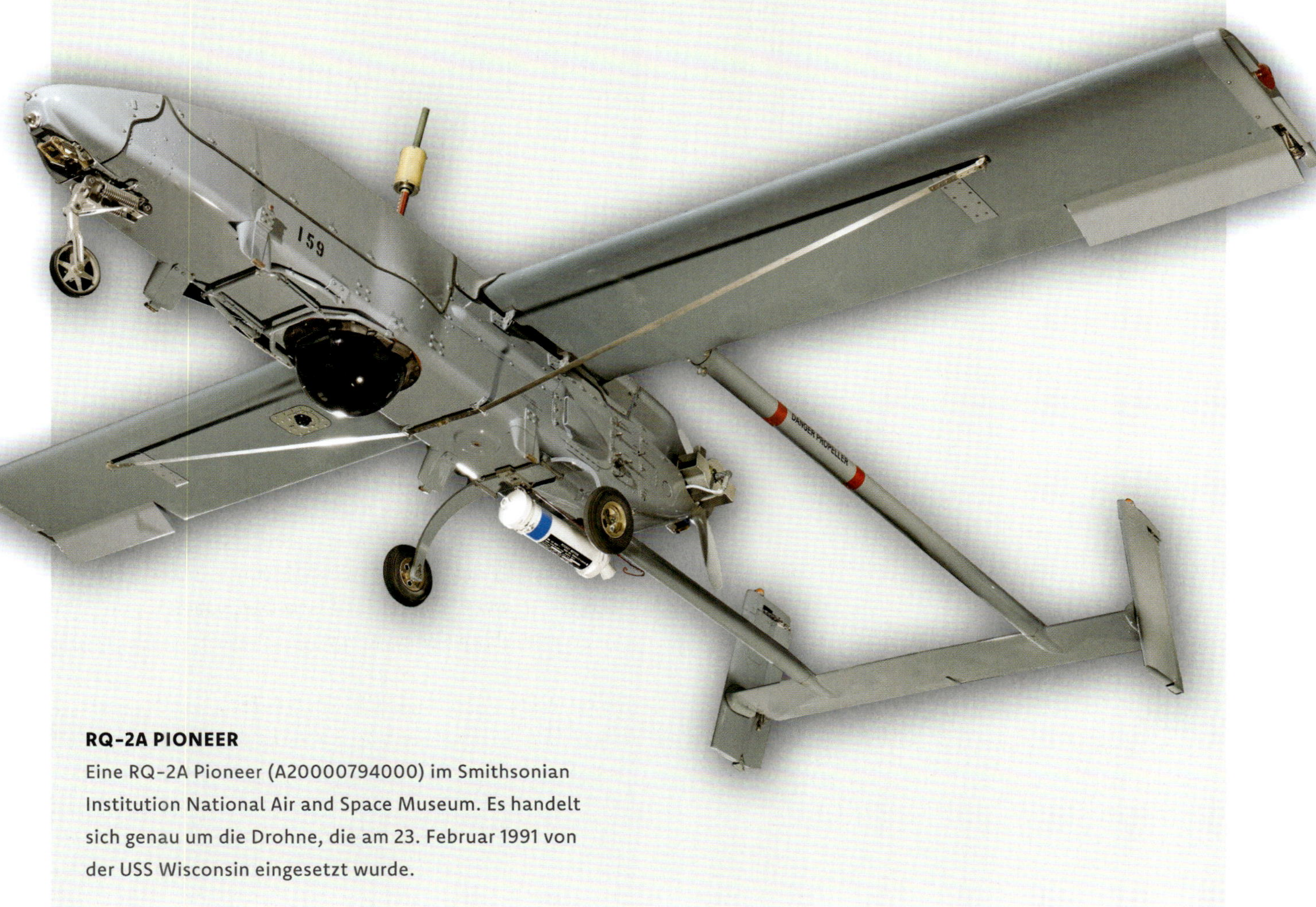

RQ-2A PIONEER
Eine RQ-2A Pioneer (A20000794000) im Smithsonian Institution National Air and Space Museum. Es handelt sich genau um die Drohne, die am 23. Februar 1991 von der USS Wisconsin eingesetzt wurde.

GNAT-750
Die Gnat-750 kann mehrere Instrumente mitführen. Sie war ein wichtiger Vorläufer von heute aktiven Drohnen der USA.

GENERAL ATOMICS GNAT-750

Herkunftsland	USA
Hersteller	General Atomics Aeronautical Systems
Betreiber	Central Intelligence Agency (CIA)
Erstflug	1989
Abmessungen	Länge 5,00 m Höhe k. A. Spannweite 10,75 m
Startgewicht max.	520,0 kg
Antrieb	Kolbenmotor Rotax 912
Höchstgeschwindigkeit	192 km/h
Reichweite/Flugdauer	2.200 km oder 48 Stunden
Dienstgipfelhöhe	7.620 m (25.000 ft)
Bewaffnung	keine

RG-8A Condor, der als Relaisstation zum Boden diente. Dafür hatte sie ein vorwärts gerichtetes Infrarotsystem (FLIR) und Tageslicht- und Restlichtkameras. Sie konnte für autonome Einsätze mit einem GPS-Navigationssystem ausgerüstet werden. Die geraden Flügel saßen auf einem verlängerten Rumpf mit abfallendem Bug, und für den Antrieb sorgte ein Kolbenmotor Rotax 912. Die Höhenleitwerke waren nach unten abgewinkelt.

Die Gnat-750 war wichtig für die Entwicklung der US-Drohnen nach dem Vietnamkrieg und gilt als Vorläufer der heute noch eingesetzten Drohnen. Um die Bürokratie der Beschaffung durch das Verteidigungsministerium zu umgehen, war die CIA der Auftraggeber. Zum Einsatz kam die Gnat-750 bei der Überwachung der Friedensoperationen im ehemaligen Jugoslawien. Dort zeigte sie ihr Potenzial, aber auch ihre Grenzen. Aufgrund dieser Erfahrungen wurde die I-Gnat mit Turbomotor und anderen Verbesserungen zur Erhöhung von Zuverlässigkeit und Leistungsfähigkeit entwickelt. Eine noch weiter verbesserte Version mit Satelliten-Uplink wurde unter der Bezeichnung Predator eingeführt.

▶ AEROVIRONMENT RQ-14 DRAGON EYE

Die kleine Aufklärungsdrohne Dragon Eye wurde beim Naval Research Laboratory und beim Marine Corps Warfighting Laboratory entwickelt und von AeroVironment hergestellt. Das Ziel war eine Drohne von geringer Größe zur Gefechtsfeldbewertung, bedient von einem einzelnen Soldaten. Sie ist leicht und schnell zusammengebaut, passt in einen Rucksack und kann direkt von der Hand abheben. In der Luft navigiert die Dragon Eye mit ihrem Wegpunkt-basierten Navigationssystem, das von dem Bediener vorab programmiert werden kann. Dafür hat

AEROVIRONMENT RQ-14 DRAGON EYE

Herkunftsland	USA
Hersteller	AeroVironment
Betreiber	US Marine Corps
Erstflug	Juni 2001
Abmessungen	Länge 0,91 m Höhe k. A. Spannweite 1,14 m
Startgewicht max.	2,7 kg
Antrieb	Elektromotor
Höchstgeschwindigkeit	64 km/h
Reichweite/Flugdauer	5 km oder 45–60 Minuten
Dienstgipfelhöhe	152 m (500 ft)
Bewaffnung	keine

RQ-14 DRAGON EYE

Die Dragon Eye passt bequem in einen Rucksack und kann von einem einzelnen Soldaten für die Aufklärung auf Truppenebene eingesetzt werden.

RQ-14 DRAGON EYE
Ein Soldat der US Marines startet eine Drohne vom Typ Dragon Eye zur Erkundung einer Versorgungsstraße.

die Drohne ein integriertes GPS-System sowie ein Trägheitsnavigationssystem.

Die Dragon Eye hat rechteckige Flügel mit einem Propeller unter dem Flügel. Sie hat weder Höhenleitwerke noch ein Fahrwerk. Im Falle eines Absturzes ist sie so konzipiert, dass sie auseinanderfällt, ohne die Elektronik zu beschädigen. Gesteuert wird sie von einem robusten Laptop. Die RQ-14 Dragon Eye wurde bei der Invasion des Irak im Jahr 2003 vom US Marine Corps eingesetzt, aber schnell durch die fortschrittlichere RQ-11 Raven B abgelöst.

▶ AEROVIRONMENT FQM-151 POINTER

Die im Auftrag von der US Army, dem US Marine Corps und dem Naval Special Warfare entwickelte FQM-151 Pointer war eine kleine Drohne für die Gefechtsfeldüberwachung. Sie besteht aus schlagfestem Kevlar. Ihre Flügel sitzen auf einem Träger oberhalb des Rumpfes. Hinter den Flügeln sitzt ein Elektromotor, der einen Propeller antreibt. Im Bug der Pointer befindet sich eine digitale Videokamera. Die gesamte Drohne musste direkt auf das abzubildende Ziel gerichtet werden. Die Bilder gingen über Funk oder eine Glasfaserverbindung an den

Bediener, der sie auf einer Videokassette speicherte und später in verschiedenen Geschwindigkeiten abspielen konnte. Die Drohne und die Kontrollstation passen in zwei einzelne Rucksäcke.

Das Pointer-System wurde 1991 gemeinsam von US Army und US Marine Corps während der Operation Wüstensturm entwickelt. Zu Beginn der Operation Iraqi Freedom im Jahr 2003 kam sie auch beim US Navy SEAL Team 3 zum Einsatz. Bei Erprobungen gelang es auch, die Pointer erfolgreich vom Deck eines U-Boots zu starten.

Nach einigen Jahren wurde die Pointer durch die AeroVironment RQ-11 Raven und RQ-20 Puma abgelöst. Sie war auf jeden Fall ein wichtiger Schritt bei der Entwicklung dieser zwei erfolgreichen Drohnen. Im Jahr 2022 hat die US Army weitere RQ-20 Puma bestellt.

AEROVIRONMENT FQM-151 POINTER

Herkunftsland	USA
Hersteller	AeroVironment
Betreiber	US Army, US Marine Corps, US Navy Special Operations Command
Erstflug	1988
Abmessungen	Länge 1,83 m Höhe k. A. Spannweite 2,74 m
Startgewicht max.	4,5 kg
Antrieb	Elektromotor
Höchstgeschwindigkeit	73 km/h
Reichweite/Flugdauer	1 Stunde
Dienstgipfelhöhe	300 m (1.000 ft)
Bewaffnung	keine

FQM-151 POINTER

Kampfbootbesatzungen für Spezielle Kriegsführung der US Navy starten während einer Patrouille im Schwarzen Meer eine Drohne FQM-151 Pointer.

EINSÄTZE DER SPEZIALKRÄFTE

Die Spezialkräfte standen bei der Entwicklung neuer Technologien stets an vorderster Front und fordern für ihre Systeme nur das Allerbeste. Die SEALs der US Navy haben von Beginn an kleine Drohnen wie die Pointer eingesetzt, um gegnerische Kräfte aufzuspüren, zu orten und anzugreifen. Sobald bessere Drohnen entwickelt und verfügbar waren, haben die SEALs sie stets für ihre anspruchsvollen Aufträge eingesetzt. Die Pointer hat ihren Wert bei den Einsätzen von SEAL Team 3 während der Operation Iraqi Freedom im Jahr 2003 unter Beweis gestellt. Ersetzt wurde sie im Lauf der Zeit durch Neuentwicklungen wie Raven, Puma und ScanEagle, die in Kapitel 2 beschrieben werden. Die SEALs der US Navy haben sogar Einsatzgrundsätze für Drohnen aufgestellt, die direkte Aktionen, Spezialaufklärung, Maßnahmen gegen den Terrorismus und die Heimatverteidigung im Ausland umfassen.

RQ-5A HUNTER
Die RQ-5A Hunter war eine der ersten erfolgreichen Drohnen. Sie kam in Mazedonien zur Unterstützung der NATO-Kräfte im Kosovo zum Einsatz. Dabei operierten jeweils zwei Drohnen gleichzeitig in der Luft.

▶ NORTHROP GRUMMAN RQ-5A HUNTER

Die RQ-5A Hunter spielte eine wichtige Rolle bei der Entwicklung der Drohnentechnologie und zählte zu den ersten Drohnen, die bei der US Army aktiv zum Einsatz kamen. Die im Jahr 1996 eingeführte Hunter war eine große Drohne mit je einem Motor an jedem Ende des Rumpfes. Sie hat einen Schubpropeller und einen Druckpropeller. Neben den starren Flügeln verfügt sie über zwei Leitwerke am Ende von langen Trägern. Die Version MQ-5B hat eine verbesserte Avionik und Befestigungspunkte für Munition unter ihren Flügeln. Im Elektronikpaket sind ein integriertes GPS, ein vorwärts gerichtetes Infrarotsystem (FLIR), ein Laser-Zielmarkierungsgerät, VHF-/UHF-Kommunikation sowie Geräte für elektronische Gegenmaßnahmen enthalten.

Das System bestand aus drei Bodenkontrollstationen, sechs Hunter-Drohnen und sechs elektrooptischen/Infrarot-Tag-Nacht-Systemen. Es wurde für die Echtzeit-Bildaufklärung, vorgeschobene Artilleriebeobachtung, Gefechtsschadensbewertung, Aufklärung, Überwachung, Zielerfassung und Gefechtsfeldbeobachtung entwickelt. Die Hunter-Drohnen konnten paarweise operieren, wobei die beiden Drohnen über eine C-Band-Sicht-Datenverbindung kommunizierten.

Die Hunter-Systeme wurden 1999 in Mazedonien und im Kosovo zur Unterstützung der Operation Allied Force eingesetzt. Eine Drohne wurde zwar von jugoslawischen Streitkräften abgeschossen, aber ansonsten hat sich das System im bergigen Gelände des Balkans bewährt.

2003 kamen Hunter-Drohnen zur Unterstützung der Operation Iraqi Freedom zum Einsatz und flogen über 600 Aufklärungs-, Überwachungs- und Zielerfassungseinsätze. 2006 setzten belgische Streitkräfte Hunter-Drohnen zur Unterstützung der European Union Force

(EUFOR) in der Demokratischen Republik Kongo ein. 2007 warf eine Hunter der US-Streitkräfte eine lasergelenkte Bombe ab. Das war der erste bewaffnete Einsatz einer Drohne bei der US Army. Die Hunter-Systeme kamen auch in Afghanistan zum Einsatz, wo sie in dem zerklüfteten Gelände wertvolle Informationen lieferten. Es wurde zwar noch eine größere Version der Hunter mit doppelter Spannweite entwickelt, aber da interessierte sich die US Army schon für andere Systeme wie die RQ-1C Gray Eagle. Die Hunter hat jedoch ohne Zweifel enorm zur Anerkennung des Wertes von Drohnen und ihres Potenzials für die Zukunft beigetragen.

▶ TADIRAN MASTIFF

Die Mastiff war eine der wichtigsten modernen militärischen Drohnen, die zusammen mit der Malat Scout von Israel Aircraft Industries einen entscheidenden Beitrag

NORTHROP GRUMMAN RQ-5A HUNTER

Herkunftsland	Israel, USA
Hersteller	Northrop Grumman
Betreiber	US Army, belgische und französische Streitkräfte
Erstflug	1991
Abmessungen	Länge 7,00 m Höhe 1,70 m Spannweite 8,90 m
Startgewicht max.	727,0 kg
Antrieb	2x Zweizylinder-Viertaktmotor Moto Guzzi
Höchstgeschwindigkeit	200 km/h
Reichweite/Flugdauer	125 km
Dienstgipfelhöhe	4.600 m (15.100 ft)
Bewaffnung	keine

NO PUSH
THE
LOOSE
MOOSE
834

TADIRAN MASTIFF

Herkunftsland	Israel
Hersteller	Tadiran/Israel Aircraft Industries
Betreiber	Israelische Verteidigungs-streitkräfte
Erstflug	1973
Abmessungen	Länge 3,30 m Höhe 0,98 m Spannweite 4,25 m
Startgewicht max.	138 kg
Antrieb	Zweizylinder-Zweitakt-Kolbenmotor
Höchstgeschwindigkeit	185 km/h
Reichweite/Flugdauer	7,5 Stunden
Dienstgipfelhöhe	4.480 m (14.700 ft)
Bewaffnung	keine

zur Entwicklung der Drohnen-Technologie und -Taktik geleistet hat. Es handelte sich um eine simple, robuste Konstruktion mit einem rechteckigen Rumpf, in dem sich die notwendige Avionik und Ausrüstung für den Einsatz befanden, einem Druckpropeller hinten am Rumpf und zwei senkrechten Höhenleitwerken an langen Auslegern. Sie verfügte über eine Videokamera und konnte Videobilder in hoher Auflösung an die Bediener schicken. Von der Mastiff wurden drei Versionen hergestellt.

▶ IAI MALAT SCOUT

Die in den 1970er-Jahren entwickelte Scout wurde regelmäßig von den israelischen Verteidigungsstreitkräften und der israelischen Luftwaffe in verschiedenen Rollen eingesetzt. So wurde sie 1982 im Libanon verwendet, um syrische Raketenstellungen zu entdecken. Während des Einsatzes im Libanon fanden die US-Streitkräfte 1983 Interesse an der Scout und ihren Fähigkeiten. So kam es zu einem gemeinsamen Projekt mit den USA und Israel, das schließlich zur Entwicklung der Pioneer führte, die von der US Army und dem Marine Corps eingesetzt wurde.

Die Konstruktion der Scout mit dem Druckpropeller am Ende des Rumpfes und den Leitwerken an zwei Auslegern war die Blaupause für die künftigen Drohnen wie die Searcher.

MASTIFF
Die Tadiran Mastiff gilt als eine der ersten modernen militärischen Drohnen. Sie spielte von 1982 bis 1983 eine wichtige Rolle im Krieg im Libanon. Dort lieferte sie den israelischen Streitkräften Bilder mit hoher Auflösung.

234

IAI MALAT SCOUT

Herkunftsland	Israel
Hersteller	Israel Aircraft Industries
Betreiber	Israelische Verteidigungs-streitkräfte
Erstflug	1970er-Jahre
Abmessungen	Länge 3,68 m Höhe 0,94 m Spannweite 4,96 m
Startgewicht max.	159 kg
Antrieb	Kolbenmotor
Höchstgeschwindigkeit	176 km/h
Reichweite/Flugdauer	7,5 Stunden
Dienstgipfelhöhe	4.600 m (15.100 ft)
Bewaffnung	keine

MALAT SCOUT
Zusammen mit der Tadiran Mastiff spielte die Scout eine wichtige Rolle bei der Etablierung der Aufklärungsdrohne als unerlässliches Werkzeug auf dem modernen Gefechtsfeld.

KAPITEL 2

RQ-4A GLOBAL HAWK
Eine Luftaufnahme des Jungfernflugs der zweiten Global Hawk der US Navy auf dem Weg um Luftwaffenstützpunkt Edwards in Kalifornien im Juni 2005

KAPITEL 2: NACHRICHTENWESEN, ÜBERWACHUNG UND AUFKLÄRUNG

FRÜHE LUFTAUFKLÄRUNG

Diese umgebaute Graflex-Kamera kam während des Ersten Weltkriegs bei der Luftaufklärung zum Einsatz. Schon damals war die Luftaufklärung wichtig für die Nachrichtenoffiziere bei der Gefechtsplanung und -schadensbewertung.

Von den frühesten Tagen der Kriegsführung bis heute ist die militärische Aufklärung stets ein wichtiges Werkzeug für Befehlshaber und Strategen gewesen. Je mehr man über Stellungen, Bewegungen, Stärke, Ausrüstung und Bewaffnung des Gegners weiß, desto einfacher ist es, sachkundige Entscheidungen zu treffen. Den wohl ersten effektiven Einsatz der Luftaufklärung gab es im Ersten Weltkrieg, als die Befehlshaber darauf aus waren, Details zu der Aufstellung des Gegners auf dem noch flachen und statischen Gefechtsfeld zu erhalten. Die vorgeschickten Beobachter hatten ein gefährliches Leben, weil sie das bevorzugte Ziel gegnerischer Scharfschützen waren, und sie konnten auch nur mit Mühe Höhen erreichen, die ihnen einen sinnvollen Überblick erlaubten. Aber die Luftaufklärung war ein gutes Mittel, das Gefechtsfeld zu kartieren und potenzielle Ziele zu entdecken. Flugzeuge wie die französischen Bleriot XI, Moraine-Saulnier Scout und Farman MFII, die deutschen Aviatik, Rumpler und Taube wie auch die britischen Avro 504, BE2 und RE8 waren mit nach unten gerichteten Kameras ausgestattet. Mit der in Großbritannien entwickelten Watson-Luftbildkamera konnten überlappende Fotos erstellt werden. Die USA brachten bei ihrem Kriegseintritt neue Technologien mit wie das Aufnehmen räumlicher Bilder mit einer Dreilinsen-Kamera. Für die damaligen Befehlshaber war die Luftaufklärung viel wichtiger als die beschränkten Vorteile, die sich aus Luftkämpfen ergaben.

Im Zweiten Weltkrieg spielte die Luftaufklärung eine noch wesentlich größere Rolle. Die Bildaufklärungstruppe der Royal Air Force flog schnelle Maschinen wie die Supermarine Spitfire PR.XIX und die de Havilland Mosquito. Flugzeuge und Kameraausrüstungen wurden immer wieder verbessert und angepasst, damit die Aufklärungsflugzeuge ihren Einsatz möglichst überstehen und mit dem wertvollen Bildmaterial zurückkehren. Da oft gut geschützte Gebiete überflogen wurden, war die Geschwindigkeit von entscheidender Bedeutung. Daher wurde sämtliche unnötige Ausrüstung wie Waffen und Funkgeräte aus den Spitfires der Luftaufklärer ausgebaut, um sie leichter und schneller zu machen. Entweder unter den Flügeln oder im Rumpf wurden nach unten gerichtete F-4-Kameras montiert.

Der Kalte Krieg

Während des Kalten Kriegs wollten die Großmächte so viele Informationen wie möglich über ihre Gegner und ihre Verbündeten. Die USA flogen mit Aufklärungsflugzeugen vom Typ U-2 über die Sowjetunion, aber mit der Entwicklung der SA-Flugabwehrraketen wurde das bald zu gefährlich. Nach dem Abschuss einer U-2 am 1. Mai 1960 wurde die Forschung im Bereich der unbemannten Luftfahrzeuge beschleunigt. Eines davon war die D-21 Tagboard, die Geschwindigkeiten schneller als Mach 3 erreichen konnte. Die D-21-Modelle waren nur für einen Einsatz vorgesehen und sollten vor dem Absturz ihre Kameragondel abwerfen. Es gab aber einige Unfälle. Das Auslösen der Gondel klappte nicht oder aber die Drohne wurde abgeschossen. Die Sowjetunion entwickelte eine Langstrecken-Aufklärungsdrohne Tupolew Tu-123 Jastreb mit einem autonomen Flugsystem. Sie konnte in 19.800 Metern Höhe mit Mach 2 fliegen und wie die D-21 vor dem Absturz ihre Kamera per Fallschirm abwerfen.

Vietnam

Während des Vietnamkriegs betrieben die USA kleinere Aufklärungsdrohnen namens Ryan 147 Lightning Bug. Mit der Zeit wurden weitere Versionen entwickelt, die nachts fliegen konnten, für Fernmelde- und elektronische Aufklärung dienten oder das gegnerische Radar störten. Die Lightning Bugs wurden außer über Vietnam auch über China und Nordkorea eingesetzt. Die bis dahin meisten Gefechtsaufklärungseinsätze wurden während des Vietnamkriegs geflogen.

Der Nahe Osten

1973 begann Israel während des Jom-Kippur-Kriegs gegen Ägypten und Syrien, mit Drohnen zu experimentieren. Tadiran and Israeli Aircraft Industries (IAI) hatten Anfang der 1980-Jahre die Drohnen Mastiff und Scout entwickelt, die mit Hilfe der damals verfügbaren und kostengünstigen Videotechnik bereits eine Echtzeit-Überwachung ermöglichten. Die beiden Drohnen zählen zu den wichtigsten modernen Aufklärungs- und Überwachungsdrohnen. Während des Libanonkriegs 1982 bis 1985 leisteten diese Drohnen einen wichtigen Beitrag zur Aufklärung der syrischen Raketenbatterien. So konnten die F-15 Eagle und die F-16 der israelischen Luftwaffe ihre Überlegenheit gegenüber den syrischen MiG-21 und MiG-23 unter Beweis stellen. Damit hatte die unbemannte Luftaufklärung einen Wendepunkt erreicht und ihren Wert bewiesen.

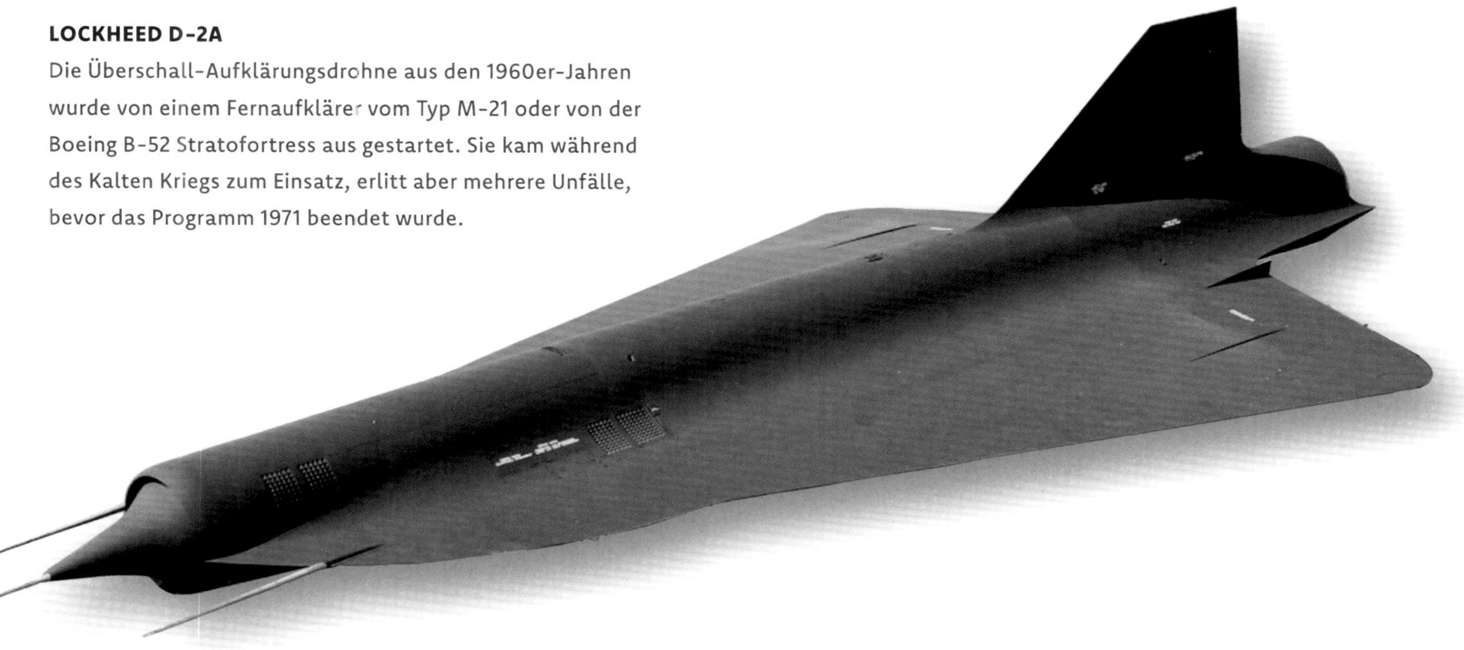

LOCKHEED D-2A

Die Überschall-Aufklärungsdrohne aus den 1960er-Jahren wurde von einem Fernaufklärer vom Typ M-21 oder von der Boeing B-52 Stratofortress aus gestartet. Sie kam während des Kalten Kriegs zum Einsatz, erlitt aber mehrere Unfälle, bevor das Programm 1971 beendet wurde.

RYAN 147
Diese fernbediente Drohne, auch als Lightning Bug bekannt, wurde in verschiedenen Varianten gebaut und kam von 1964 bis 1975 im Vietnamkrieg zum Einsatz, wo sie der Luftaufklärung, Überwachung und Fernmeldeaufklärung diente.

CL-289
Französische Truppen starten im November 1986 in Bosnien und Herzegowina eine Drohne CL-289. Diese von Canadair entwickelte Aufklärungs- und Überwachungsdrohne wurde von Kanada, Großbritannien, Deutschland, Frankreich und Italien eingesetzt.

NATO

Eine der erfolgreichsten Aufklärungsdrohnen der NATO von den 1960er-Jahren bis in die 1990er-Jahre war die kanadische Canadair CL-289 Midge. Äußerlich ähnelte sie einem Flugkörper, wurde mit einer Rakete gestartet und nutzte dann ein Turbostrahltriebwerk für den programmierten Einsatz. Mithilfe eines Fallschirms wurde sie bei ihrer Rückkehr abgebremst. Unmittelbar vor dem Aufprall auf dem Boden wurden dann zwei Landekissen aufgeblasen. In den USA und in Großbritannien kamen die ambitionierten Projekte wie Aquila und Phoenix nicht recht voran. Die USA waren so begeistert von der Leistung der IAI Scout, dass sie die Entwicklung eines gemeinsamen Projekts von IAI und AAI förderten: Die Pioneer-Drohne entstand daraus. Die Pioneer wurde im Golfkrieg 1991 und bei der Invasion des Irak im Jahr 2003 erfolgreich eingesetzt.

Kampf gegen den Terrorismus

Nach den Angriffen auf New York am 11. September 2001 setzten die USA rasch Drohnen über Afghanistan ein, darunter die Predator und die Global Hawk. Letztere war

noch in der Vorserien-Testphase. Mit den Einsätzen in Afghanistan und später im Irak wurden immer mehr tragbare Drohnen benutzt, die leicht im Rucksack transportiert, schnell aufgebaut und per Hand, mittels eines Katapults oder von fahrenden Fahrzeugen aus gestartet wurden.

Drohnen wie die Desert Hawk oder die RQ-11 Raven, eine Entwicklung für das US Special Operations Command (USSOCOM), boten kleinen Einheiten am Boden Echtzeit-Aufklärung, um Hinterhalte zu umgehen oder Sprengfallen aufzuspüren.

Syrien

Der syrische Bürgerkrieg begann 2011 und ist immer noch nicht beendet. Zwischen 2015 und 2016 gab es die größten Eingriffe seitens Russlands. Die Russen setzten während dieser Zeit über 1.700 Drohnen ein. Verteidigungsanalysten vermuten, dass Russland den Konflikt in Syrien genutzt hat, um die Integration der Drohnen in ihre Gefechtsordnung zu erproben.

Die russische Drohnenflotte konzentrierte sich weitgehend auf Nachrichtengewinnung, Überwachung und Aufklärung, um damit präzise Zielinformationen an ihre

Artillerie, Mehrfach-Raketenwerfer und ihre Kampfflugzeuge zu liefern. Die russischen Militärführer erhielten rund um die Uhr Echtzeit-Informationen und konnten so bessere Entscheidungen treffen.

Der Konflikt in Bergkarabach

Der Konflikt begann 1988, als die ethnischen Armenier die Übertragung der autonomen Region Bergkarabach vom sowjetischen Aserbaidschan nach Armenien forderten. Die Spannungen mündeten in einen Krieg, der erst 1998 beendet war. Dann gab es einen kurzen Krieg von September bis November 2020, der besonders durch den Einsatz von Drohnen gekennzeichnet war. Armenien konnte zwar die russische Aufklärungsdrohne Orlan-10 erfolgreich einsetzen, aber Aserbaidschan hatte eine weitaus größere Auswahl an Drohnen, die ihm halfen, den Luftraum und das Gefechtsfeld zu dominieren. Dazu zählten unter anderem die Aufklärungsdrohnen Hermes 900, Hermes 450, Heron, Aerostar und Searcher. Aserbaidschan setzte auch bewaffnete Drohnen ein (siehe Kapitel 3). Damit hatte Aserbaidschan entscheidende Vorteile bei der Nachrichtengewinnung, Überwachung und Aufklärung, aber auch bei Angriffen über größere Entfernungen. Diese Drohnen operierten in einem Netz, das auch Luftangriffe durch Flugzeuge und die Artillerie umfasste. Die präzise Zielerfassung ermöglichte das Ausschalten zahlreicher beweglicher und statischer Kampfmittel Armeniens, darunter Panzer und Luftabwehr. Da die Luftabwehr ausgeschaltet war, konnte sie auch die Drohnen nicht bekämpfen. Das war ein früher Hinweis an die Streitkräfte in aller Welt, dass derjenige, der seine Drohnen effizienter einsetzt, den Vorteil auf seiner Seite hat.

Der Krieg in der Ukraine

In der Frühphase des Kriegs in der Ukraine 2022 setzte Russland in erster Linie Aufklärungsdrohnen für die Artilleriebeobachtung und Zielerfassung ein, während die Ukraine eine große Zahl an Kampfdrohnen einsetzte wie die Bayraktar TB2, die in Kapitel 3 beschrieben wird. Die russischen Drohnen für Nachrichtengewinnung, Aufklärung und Überwachung wie die Orlan-10 verkürzten die Zeitspanne zwischen Zielerfassung und Artilleriefeuer deutlich. Wo mit der konventionellen Artilleriebeobachtung noch 20 bis 30 Minuten von der Zielerfassung bis zum Feuer gebraucht wurden, genügten mit der Drohne nun fünf Minuten. Da sich diese Aufklärungsdrohnen als so effektiv erwiesen, ist es kein Wunder, dass beide Seiten

DROHNENAUSBILDUNG
Ukrainische Soldaten üben in Charkiw Oblast in der Ukraine im August 2022 mit handelsüblichen Drohnen die Erkennung und Erfassung gegnerischer Kräfte für ihre Artillerieteams.

alles daran setzten, die Drohnen entweder zu stören oder abzuschießen.

Als im Fortlauf des Kriegs immer mehr militärische Drohnen verloren gingen, fingen beide Seiten, aber ganz besonders die Ukraine, an, die teuren Drohnen mit der fortschrittlichen Militärtechnologie durch umgebaute kommerzielle Modelle zu ersetzen, die wesentlich kostengünstiger waren. Da besonders die Ukraine nur über begrenzte militärische Mittel wie Artilleriegeschosse verfügte, waren die Drohnen eine effektive Möglichkeit, jedes Geschoss wirksam einzusetzen, statt ein Sperrfeuer zu schießen, bei dem viele Geschosse das Ziel gar nicht trafen. Russland setzte dagegen wiederum sein Radar ein, um die ukrainischen militärischen Drohnen zu stören. Bei den kommerziellen Drohnen sorgten elektronische Maßnahmen für die Störung der Signale. Dieser Kampf zwischen den Drohnen und die unternommenen Gegenmaßnahmen geben einen Ausblick auf die Kriegsführung der Zukunft.

▶ GENERAL ATOMICS MQ-1C GRAY EAGLE

Die MQ-1C Gray Eagle wurde von General Atomics als Aktualisierung der MQ-1 Predator für die US Army entwickelt. Sie sollte gesteigerte Reichweite, Flughöhe und Nutzlast bieten als die vorhandenen Drohnen. Im Lastenheft standen mehrere anspruchsvolle Forderungen, unter anderem permanente Aufklärung, Überwachung und Zielerfassung und dazu auch Angriffsoperationen.

GENERAL ATOMICS MQ-1C GRAY EAGLE

Herkunftsland	USA
Hersteller	General Atomics Aeronautical Systems
Betreiber	US Army, US Special Forces
Erstflug	Oktober 2004
Abmessungen	Länge 8,53 m Höhe 2,10 m Spannweite 17,00 m
Startgewicht max.	1.633,0 kg
Antrieb	Schwerölmotor
Höchstgeschwindigkeit	309 km/h
Reichweite/Flugdauer	37,4 km oder 25 Stunden
Dienstgipfelhöhe	8.839 m (29.000 ft)
Bewaffnung	AGM-114 Hellfire oder AIM-92 Stinger

MQ-1C GRAY EAGLE
Eine MQ-1C Gray Eagle des 10th Aviation Regiment bereitet sich im September 2017 auf dem Luftwaffenstützpunkt Al Asad im Irak auf ihren Einsatz vor.

Die ersten Versionen der Gray Eagle hatten Probleme mit der Zuverlässigkeit, aber der Hersteller arbeitete daran und konnte im Juli 2013 eine verbesserte Gray Eagle in die Luft bringen. Das neue Modell bot größere Tanks, mehr Nutzlast und einen verbesserten Schwerölmotor Lycoming IDEL-120. Dieser Motor ist sowohl mit Kerosin als auch mit Diesel betreibbar, da die US Army auf das Konzept setzt, auf dem Gefechtsfeld nur einen Kraftstoff zu verwenden. Außerdem verfügte die Gray Eagle über ein automatisches Start- und Landesystem.

Diese verbesserte Gray Eagle (Improved Gray Eagle/IGE) beeindruckte die US Army so sehr, dass sie die Drohne für ihre Nachrichtentruppen und Spezialkräfte bestellte. Die Lieferungen gingen an das 160th Special Operations Aviation Regiment (Airborne) (160th SOAR) mit zwölf Drohnen für jede der beiden Kompanien. Jedes Paket zu zwölf Drohnen verfügt über ein Unterstützungssystem aus sechs universellen Bodenkontrollsystemen, neun Bodendatenterminals, zwölf mobilen Bodenkontrollstationen, leichten Militärfahrzeugen und anderen Mitteln der Bodenunterstützung, die jeweils von einer Kompanie aus 105 Soldaten betrieben werden.

Laut Berichten im Juni 2022 erwog die US-Regierung, vier MQ-1C mit langer Ausdauer für mittlere Flughöhen an die Ukraine zu verkaufen. Diese würden den ukrainischen Streitkräften zusätzliche Angriffsmöglichkeiten bieten, aber auch eine lange Ausbildung zur Bedienung des komplizierten Systems erfordern.

RQ-4 GLOBAL HAWK
Eine Marineversion der RQ-4 Global Hawk nähert sich dem Marinefliegerstützpunkt Patuxent River, wo sie für die Seefernaufklärung in Zusammenarbeit mit Schiffen der US Navy erprobt wird.

NORTHROP GRUMMAN RQ-4B GLOBAL HAWK

Herkunftsland	USA
Hersteller	Northrop Grumman
Betreiber	US Air Force, US Navy, NATO
Erstflug	28. Februar 1998
Abmessungen	Länge 14,50 m Höhe 4,63 m Spannweite 39,80 m
Startgewicht max.	14.628 kg
Antrieb	Mantelstromtriebwerk Rolls-Royce North American F137-RR-100
Höchstgeschwindigkeit	637 km/h
Reichweite/Flugdauer	22.800 km
Dienstgipfelhöhe	19.800 m (65.000 ft)
Bewaffnung	keine

▶ NORTHROP GRUMMAN RQ-4B/ RQ-4C GLOBAL HAWK

Dieses Luftaufklärungssystem für große Flughöhen und mit langer Ausdauer wurde Ende der 1990er-Jahre von Northrop Grumman zusammen mit Ryan Aerospace entwickelt. 2001 erteilte das US-Verteidigungsministerium einen Auftrag für eine begrenzte erste Serienproduktion. Die Terrorangriffe auf New York und Washington am 11. September 2001 führten zum Einsatz der Global Hawk, bevor das System umfassend erprobt war. Sie spielte bei den Kriegen in Afghanistan und im Irak eine wichtige Rolle. Da einige Drohnen aufgrund technischer Probleme verloren gingen, führte dies zu der Entwicklung einer verbesserten Version der Global Hawk namens RQ-4B. Neben diversen technischen Änderungen hatte sie einen größeren Bug und mehr Spannweite. Die Drohnen der US Air Force wurden vom US Air Combat Command und seinen verschiedenen Aufklärungskompanien eingesetzt.

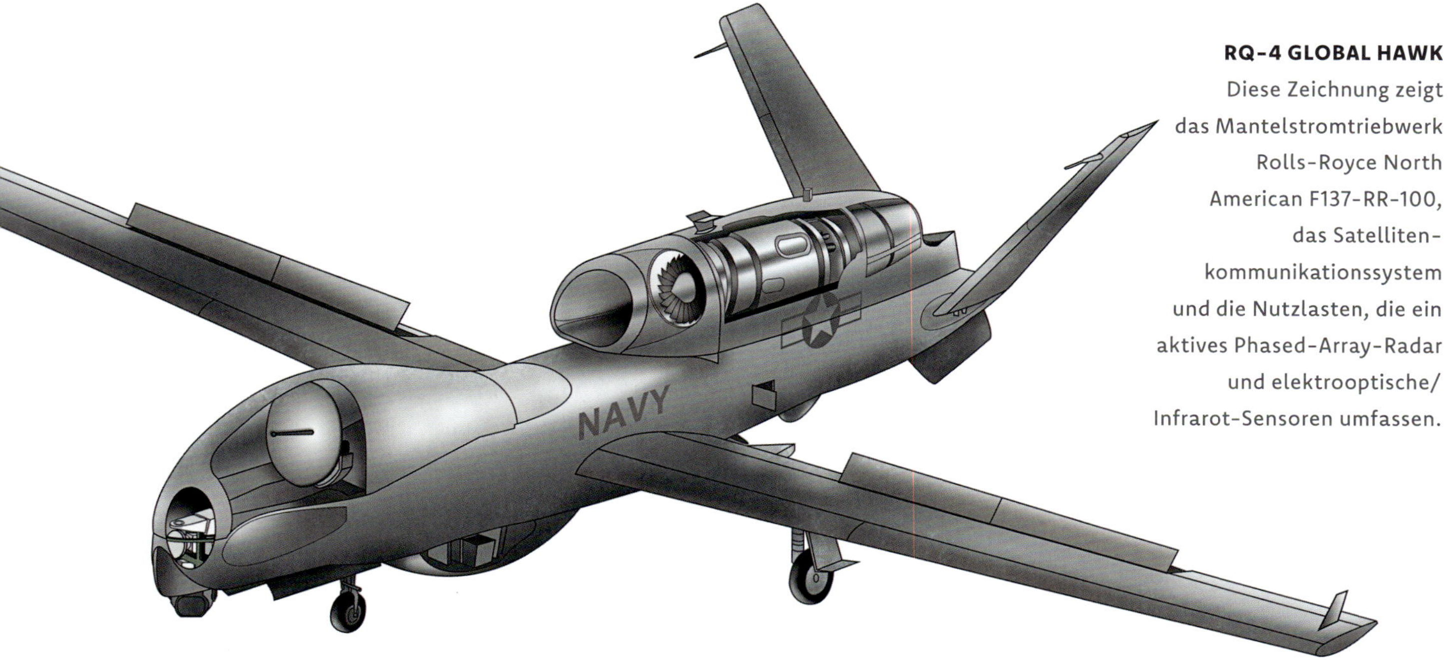

RQ-4 GLOBAL HAWK
Diese Zeichnung zeigt das Mantelstromtriebwerk Rolls-Royce North American F137-RR-100, das Satellitenkommunikationssystem und die Nutzlasten, die ein aktives Phased-Array-Radar und elektrooptische/Infrarot-Sensoren umfassen.

MQ-4C TRITON
Eine Drohne vom Typ MQ-4C Triton kurz vor der Landung auf dem Marinefliegerstützpunkt Patuxent River. Die MQ-4C Triton wurde für Marineeinsätze entwickelt und kann in niedrigeren Höhen aufklären als die Global Hawk der US Air Force.

▶ NORTHROP GRUMMAN RQ-4N UND MQ-4C TRITON

Auch die US Navy zeigte Interesse an dem Programm. So wurde die Version RQ-4N nach den Vorgaben für die Seeüberwachung der US Navy Broad Area Maritime Surveillance (BAMS) entwickelt. Zu diesem Paket gehört ein aktives Phased-Array-Radar (AESA). Für die Version der US Navy wurden auch die Flügel verstärkt, denn die Marine stellte unter anderem die Forderung, einen schnellen Sinkflug durchführen zu können, um auch Naherkundungen durchzuführen.

Laut der US Air Force besteht der Auftrag der Global Hawk darin, ein breites Spektrum an Nachrichten, Überwachung und Aufklärung bereitzustellen, das von allen beteiligten Kampftruppen zur Unterstützung im Frieden, in Krisen und im Krieg eingesetzt wird.

Neben ihrer eigentlichen Aufgabe, der Entdeckung potenzieller Bedrohungen, um den Befehlshabern bei der Entscheidungsfindung zu helfen, kann die Global Hawk auch den zivilen Behörden wichtige Informationen zur Vorhersage von Unwettern oder zur Überwachung von Naturkatastrophen liefern. Die NATO hat eine Version der Global Hawk mit der Bezeichnung RQ-4D Phoenix im Rahmen der Alliance Ground Surveillance (Gefechtsfeldaufklärung und -überwachung) beschafft.

Auch Nationen wie Deutschland und Australien erwägen die Beschaffung. Die deutsche Version wurde in Zusammenarbeit mit der European Aeronautic Defence and Space Company (EADS) für die Fernmelde- und elektronische Aufklärung entwickelt, aber es gab dann Zertifizierungsprobleme für den deutschen Luftraum, und das Programm wurde zu den Akten gelegt. Die Royal Australian Air Force hat die Version MQ-4C bestellt. Südkorea hat vier Drohnen vom Typ Global Hawk RQ-4B angeschafft, und Japan plant den Kauf von drei Drohnen, von denen die erste im März 2022 ausgeliefert wurde.

STARTKATAPULT

Eine ScanEagle des US Marine Corps bereit zum Start von ihrem „Super Wedge“-Katapultsystem.

BOEING INSITU SCANEAGLE

Herkunftsland	USA
Hersteller	Boeing, Insitu
Betreiber	US Air Force Special Operations Command, US Marine Corps, Royal Australian Navy, Royal Navy, kanadische Streitkräfte
Erstflug	20. Juni 2002
Abmessungen	Länge 1,19 m Höhe k. A. Spannweite 3,10 m
Startgewicht max.	26,5 kg
Antrieb	Zweitaktmotor 3W28
Höchstgeschwindigkeit	148 km/h
Reichweite/Flugdauer	über 18 Stunden
Dienstgipfelhöhe	5.950 m (19.500 ft)
Bewaffnung	keine

▶ BOEING INSITU SCANEAGLE

Die ScanEagle ist eine kleine Drohne für die Nachrichtengewinnung, Überwachung und Aufklärung. Mit ihrer enormen Ausdauer kann die ScanEagle ausgewählte Gebiete für den militärischen Führer überwachen und läuft kaum Gefahr, beobachtet oder gar abgefangen zu werden. Sie kann 24 Stunden lang in einer Höhe von 6.000 Metern fliegen und ist damit ein wertvolles Mittel für die Einsatzplanung und Zielverifizierung.

Sie ist 1,19 Meter lang und hat eine Spannweite von 3,10 Metern. Angetrieben wird sie von einem Motor, der auf Kerosin (JP 5 oder JP 8) ausgelegt ist. Das gesamte ScanEagle-System besteht aus vier Drohnen, einer Bodenkontrollstation, einem abgesetzten Videoterminal, einem Startsystem „Super Wedge“ und einem Skyhook-Landesystem. Die ScanEagle kann von Land oder von einem Schiff aus gestartet werden und wird mit einem Kabelsystem eingefangen, das von einem differenziellen

DIE GEISELNAHME VON KAPITÄN PHILLIPS

Im April 2009 befand sich das unter dänischer Flagge laufende Frachtschiff Maersk Alabama unter der Führung von Kapitän Richard Phillips auf dem Weg von Salah, Oman, nach Mombasa in Kenia über Dschibuti. Es hatte in diesen Gewässern bereits mehrere Überfälle durch Piraten gegeben, und die Maersk Alabama fuhr ohne Begleitung. Am 9. April näherten sich zwei Boote mit Piraten aus Somalia dem Schiff. Einem der Boote gelang es, die Verteidigungsmaßnahmen wie Leuchtraketen und Löschschläuche zu unterlaufen und das Schiff zu entern. Der größte Teil der Besatzung schloss sich in einem geschützten Raum ein, aber Kapitän Phillips wurde von den Piraten festgehalten. Die Piraten erkannten, dass sie nicht in der Lage waren, das Schiff wieder in Fahrt zu bringen, und flohen in einem Rettungsboot. Sie nahmen den Kapitän mit sich in der Hoffnung, später Lösegeld erpressen zu können, sobald sie auf dem Festland waren.

Daraufhin entsandte die US Navy den Zerstörer USS Bainbridge und die Fregatte USS Halyburton in dieses Gebiet. Die USS Bainbridge hatte ein ScanEagle-System an Bord, das sich auf die Suche nach dem Rettungsboot machte. Einem Team zur Nachrichtengewinnung, Überwachung und Aufklärung von Boeing Global Services and Support an Bord der USS Bainbridge gelang es, mit Hilfe der ScanEagle das Rettungsboot im Indischen Ozean zu orten. Die Drohne nutzte ihre elektrooptischen/Infrarot-Sensoren, um Standbilder und Videos zum Zerstörer zu senden, sodass die Kriegsschiffe der US Navy eingreifen konnten.

WAGEMUTIGE RETTUNG DURCH DIE SEALS

Als die Kriegsschiffe nahe genug am Rettungsboot waren, versuchten Unterhändler der Navy und des FBI, eine Abmachung zur Freilassung des Kapitäns zu treffen. Währenddessen waren Scharfschützen der US Navy SEALs der Red Squadron Naval Special Warfare Development Group an Fallschirmen in der Nähe der USS Halyburton abgesprungen und wurden zur USS Bainbridge gebracht. Als die Gespräche mit den Piraten scheiterten und die Spannung wuchs, nahmen sie Stellung auf dem Achterdeck der USS Bainbridge ein und nahmen ihre Ziele ins Visier.

Als klar war, dass das Leben des Kapitäns in Gefahr war, richteten sie trotz der Schwankungen des Schiffs und des Rettungsbootes die Waffen auf ihre Ziele und drückten ab. Drei Piraten kamen ums Leben, aber Kapitän Phillips konnte unverletzt gerettet werden. Bei dieser anspruchsvollen Operation, die höchste Professionalität erforderte, lieferte die ScanEagle wichtige Aufklärungs- und Überwachungsdaten, mit deren Hilfe Kapitän Phillips gerettet werden konnte.

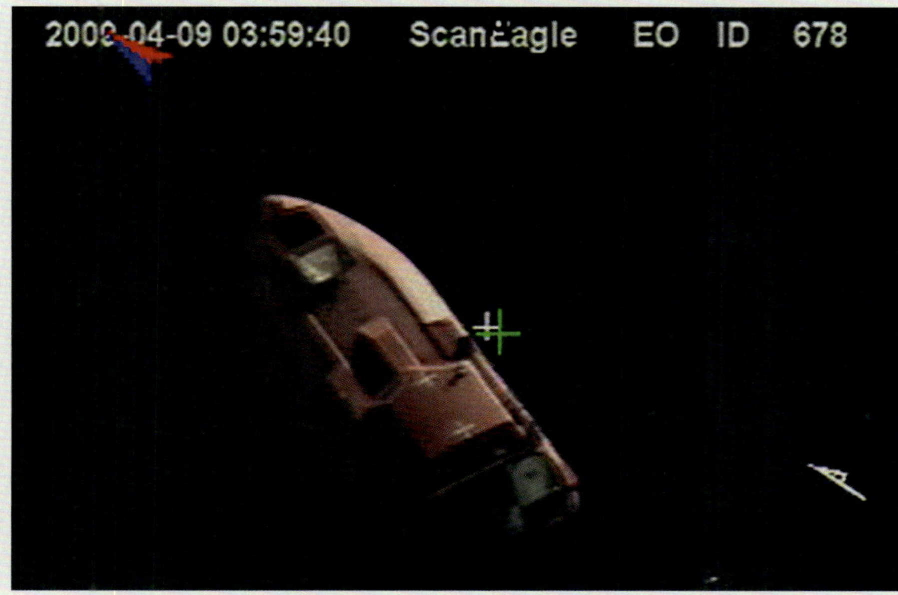

DIE SICHT DER DROHNE
Ein Standbild vom Rettungsboot in der Gewalt der Piraten, in dem sich auch Kapitän Phillips befand, das die ScanEagle in Echtzeit an die Schiffe der US Navy sandte. Dank der Aufklärung durch die ScanEagle konnten die Schiffe das Boot orten, bevor die SEALs der US Navy eingriffen und Kapitän Phillips retteten.

GPS gesteuert wird. Die ScanEagle verfügt über eine stabilisierte elektrooptische/Infrarotkamera in einem trägheitsstabilisierten Turm, der mit dem INSTAR NanoSTAR-Radar mit synthetischer Apertur ausgerüstet ist. Die Drohne ist unter anderem beim US Air Force Special Operations Command, dem US Marine Corps, der Royal Navy, der Royal Australian Navy und den kanadischen Streitkräften im Betrieb und kam in verschiedenen Krisen- und Kampfoperationen in aller Welt zum Einsatz. So nahm sie 2004 an den Einsätzen im Irak teil und 2011 bei der Operation United Protector während der Revolution in Libyen.

▶ BOEING INSITU RQ-21A BLACKJACK (INTEGRATOR)

Diese kleine taktische Drohne ist durch eine Forderung der US Navy entstanden. Da sie die ScanEagle ergänzen und unterstützen soll, benutzt das Kleinflugzeug mit zwei Auslegern dasselbe Start- und Fangsystem.

Die RQ-21A Blackjack kann über eine lange Zeit Tag und Nacht Nachrichten-, Überwachungs- sowie Aufklärungsdaten liefern, und das noch kostengünstig. Trotz

BOEING INSITU RQ-21A BLACKJACK

Herkunftsland	USA
Hersteller	Boeing, Insitu
Betreiber	US Navy, US Marine Corps
Erstflug	28. Juli 2012
Abmessungen	Länge 2,50 m Höhe k. A. Spannweite 4,90 m
Startgewicht max.	61,2 kg
Antrieb	8-PS-Hubkolbenmotor mit elektronischer Benzineinspritzung (P5/JP-8)
Höchstgeschwindigkeit	170 km/h
Reichweite/Flugdauer	93 km oder 16 Stunden
Dienstgipfelhöhe	5.900 m (19.500 ft)
Bewaffnung	keine

RQ-21A BLACKJACK
Eine Luftüberwachungsdrohne des Marine Medium Tiltrotor Squadron 365 (Reinforced) im April 2017 im Flug, nachdem sie vom Flugdeck des amphibischen Transport-Docklandungsschiffs Mesa Verde (LPD 19) gestartet ist.

AEROVIRONMENT RQ-12A WASP III

Herkunftsland	USA
Hersteller	AeroVironment
Betreiber	US Air Force
Erstflug	2007
Abmessungen	Länge 0,38 m Höhe k. A. Spannweite 0,72 m
Startgewicht max.	6,5 kg
Antrieb	Elektromotor, wiederaufladbare Lithium-Ionen-Batterien
Höchstgeschwindigkeit	65 km/h
Reichweite/Flugdauer	5 km oder 45 Minuten
Dienstgipfelhöhe	300 m (1.000 ft)
Bewaffnung	keine

RQ-12A WASP III
Ein Infanteriesoldat der 2nd Infantry Division startet eine Wasp III aus der Hand und führt vor, wie einfach sie zu starten ist. Die Wasp III wird auch von den Special Operations Forces für die Aufklärung wichtiger Gebiete eingesetzt.

ihrer bescheidenen Größe liefert sie den militärischen Führern wichtige Informationen in Echtzeit. Wie auch die ScanEagle kann die Blackjack vom Land oder von Schiffen aus gestartet werden. Je nach Einsatzerfordernissen kann sie dank ihrer offenen Architektur mit den unterschiedlichsten Nutzlasten bestückt werden. Dazu zählen unter anderem ein Infrarotzielsystem, ein Laser-Entfernungsmesser, ein Tageslicht-Vollbewegungsvideo, ein Kommunikations-Relaissystem, ein Radarsystem mit synthetischer Apertur/MTI-Zielerfassung sowie Fernmelde- und elektronische Aufklärung. Die Drohne ist modular aufgebaut, flexibel und kann mehrere Einsätze gleichzeitig durchführen.

Ausgeliefert wird die RQ-21A als System aus fünf Drohnen, zwei Bodenkontrollstationen sowie Start- und Ladegeräten. Eingesetzt wurde sie von der 2. und 3. Drohnenkompanie des US Marine Corps. Die US Navy nutzt es für Spezialeinsätze, unter anderem bei der Bekämpfung der Piraterie und Such-/Rettungseinsätzen.

▶ AEROVIRONMENT RQ-12A WASP IV

Die RQ-12A Wasp, ein kleines Drohnensystem, wurde von AeroVironment und der Defense Advanced Research Projects Agency (DARPA – Behörde für Forschungsprojekte der Verteidigung) für das US Air Force Special Operations Command (AFSOC) entwickelt. Die Forderung des Militärs galt einem Mittel für die Lageaufklärung außerhalb der Sichtlinie, das die Gefechtsflieger des US Air Force Special Operations Command für ihre Zwecke einsetzen konnten. Entwickelt wurde die Drohne im Rahmen des BATMAV-Programms (kleine Zielerfassungsdrohne) des US Air Force Special Operations Command.

Die Wasp ist eine leichte und winzige Drohne mit einem Zweiblattpropeller, angetrieben von einem kleinen Elektromotor. Sie verfügt über ein Trägheitsnavigationssystem, einen Autopiloten und zwei Infrarotkameras, die nach vorn und zur Seite gerichtet werden können. Die Wasp kann für einen autonomen Flug einschließlich Start und Landung programmiert werden, lässt sich aber auch manuell vom Boden aus steuern. Das Wasp-System besteht aus Drohne, Bodenkontrollstation und einem Kommunikationssystem am Boden und kann von einem Soldaten der Spezialkräfte in einem Rucksack getragen werden.

Die überarbeitete Wasp AE (RQ-12A) hat mehr Ausdauer als das Vorgängermodell und kann sowohl über Land als auch über Wasser betrieben werden. Für diese Version hat sich das US Marine Corps entschieden.

RQ-11 RAVEN
2011 in Afghanistan: Ein Soldat startet eine Raven-Aufklärungsdrohne. Diese kleine, tragbare Drohne wird vom US Special Operations Command eingesetzt und bietet kleinen kämpfenden Einheiten wichtige Aufklärungsdaten.

AEROVIRONMENT RQ-11 RAVEN

Herkunftsland	USA
Hersteller	AeroVironment
Betreiber	US Army, US Air Force, US Marine Corps, US Special Operations Command
Erstflug	Oktober 2001
Abmessungen	Länge 1,13 m Höhe k. A. Spannweite 1,31 m
Startgewicht max.	1,9 kg
Antrieb	Elektromotor Aveox 27/26/7-AV
Höchstgeschwindigkeit	100 km/h
Reichweite/Flugdauer	10 km (über Land) oder 90 Minuten
Dienstgipfelhöhe	300 m (985 ft)
Bewaffnung	keine

▶ AEROVIRONMENT RQ-11 RAVEN

Die RQ-11 Raven zählt zu den erfolgreichsten und am meisten eingesetzten Kleindrohnen. Sie kommt sowohl bei diversen Einheiten der US-Streitkräfte als auch bei Militärs in aller Welt zum Einsatz. Bei den US-Truppen ist die Raven Bestandteil des SURSS-Programms (Kleinflugzeuge für die Aufklärung aus der Ferne). Sie liefert Kompanien und kleineren Teileinheiten Aufklärung außerhalb der Sichtlinie. Die US Air Force setzte sie im Rahmen ihres fliegenden Überwachungssystems zum Schutz eigener Kräfte (FPASS) ein. Sie kommt auch beim US Marine Corps und den US Special Operations zum Einsatz.

Die Raven kann bei Tag und Nacht für Überwachung, Nachrichtengewinnung, Zielerfassung und Aufklärung eingesetzt werden. Die kardanisch aufgehängte Kamera in den neueren Versionen der Raven kann zwischen Tag- und Nachtsensoren umschalten.

Die RQ-11 Raven wird als System geliefert, das drei Drohnen, eine Bodenkontrollstation, eine kardanisch aufgehängte elektrooptische/Infrarotkamera, ein fernbedientes Videoterminal, ein Reparaturset zum Einsatz vor Ort, Batterien und Ersatzteile umfasst.

Die Raven kann voll autonom fliegen, dabei stehen die Modi Navigation, Höhenhaltung, Verweilen über dem Einsatzgebiet und Rückkehr zur Verfügung. All das sieht und wählt der Bediener mittels eines robusten Laptops, auf dem Software für Flugplanung und Beobachtung von oben installiert ist. Die Raven eignet sich für die verschiedensten Einsatzgebiete wie den Schutz der eigenen Truppe und die Absicherung von Kolonnen und ist auch im Ortskampf ein hervorragendes Einsatzmittel.

RQ-11 RAVEN
Ein US-Militärpolizist der 89th Military Police Brigade startet während einer Übung im Jahr 2018 eine Raven-Drohne.

Die Raven wurde von den britischen Streitkräften im Irak und den dänischen Streitkräften in Afghanistan eingesetzt. In den Niederlanden wird sie beim Heer, der Marineinfanterie und bei den Spezialkräften genutzt. Die USA haben die Raven auch an die Ukraine geliefert, wo sie gegen die russischen Invasoren eingesetzt wird.

▶ AEROVIRONMENT RQ-20 PUMA

Die Puma ist eine kleine Drohne zur Überwachung, Nachrichtengewinnung, Aufklärung und Zielerfassung (ISRT). Sie wurde vom US Special Operations Command (USSOCOM) im Rahmen des Programms für eine Version für alle Umgebungen (All Environment Capable Variant (AECV)) beschafft und kam später auch bei der US Army, dem US Marine Corps, der US Air Force und vielen anderen Streitkräften weltweit zum Einsatz. Die Puma ist komplett wasserdicht und kann über Land oder Wasser eingesetzt und geborgen werden.

Mit einer Länge von etwas über einem Meter und einer Spannweite von fast drei Metern ist die Puma wesentlich größer als die Raven, kann aber dennoch von einem einzelnen Soldaten aus der Hand gestartet werden, während ein zweiter die Bodenkontrollstation bedient. Die einheitliche Bodenkontrollstation von AeroVironment ist unter den verschiedenen Drohnen austauschbar. So füllt die Puma eine Lücke zwischen der Raven und den deutlich größeren Systemen wie der Predator und der Reaper. Die Puma kann entweder manuell geführt oder vom Bediener für den autonomen Flug mittels GPS-Navigation programmiert werden.

Zum serienmäßigen Überwachungsgerät der Puma gehört eine stabilisierte elektrooptische/Infrarotkamera in einer kardanischen Aufhängung. Auch die Puma hat ein modulares Nutzlastsystem, das an die unterschiedlichsten Einsatzforderungen angepasst werden kann. Auf Wunsch wird sie mit einem Transportschacht unter dem Flügel ausgestattet.

Zum Gesamtsystem gehören drei Drohnen und zwei Bodenstationen, das auch unter extremen Temperaturen einsatzbereit ist. Die Puma AE hat einen verstärkten Rumpf, der sie widerstandsfähiger beim Flug und bei der Landung macht. Dank einer digitalen Datenbank kann die Puma auch außerhalb der Sichtlinie über Sicht-, Ton-, Video-, Daten- und Textverbindungen kommunizieren. Das GPS-Navigationssystem ermöglicht eine Landung innerhalb von 25 Metern an einem ausgewählten Ort.

AEROVIRONMENT RQ-20 PUMA

Herkunftsland	USA
Hersteller	AeroVironment
Betreiber	US Armee, US Marine Corps, US Air Force
Erstflug	2007
Abmessungen	Länge 1,40 m Höhe k. A. Spannweite 2,80 m
Startgewicht max.	5,9 kg
Antrieb	Protonex ProCore Brennstoffzellenantriebsmotor
Höchstgeschwindigkeit	83 km/h
Reichweite/Flugdauer	15 km oder 3 Stunden
Dienstgipfelhöhe	150 m (500 ft)
Bewaffnung	keine

RQ-20 PUMA
Ein Soldat startet an Bord des Hochgeschwindigkeitskatamarans USNS Spearhead (JHSV-1) eine kleine Puma. Die Puma hat ein verbessertes Präzisionsnavigationssystem und kann von Hand bedient werden oder autonom fliegen.

RQ-170 SENTINEL
Eine vom Iran erbeutete RQ-170 Sentinel auf der IRGC-Luftfahrtschau in Teheran. Die Sentinel verfügt über hoch empfindliches Gerät für das Abhören von Funkverbindungen.

Die Deep-Stall-Technik (fast vertikale Landung) hält die Belastung der Zelle beim Landevorgang niedrig.

▶ LOCKHEED MARTIN RQ-170 SENTINEL

Die RQ-170 Sentinel ist eine Drohne mit Tarnkappentechnik, die im Rahmen des Programms Skunk Works von Lockheed Martin entwickelt wurde. Einige Details der Sentinel unterliegen der Geheimhaltung, daher kursieren die verschiedensten Gerüchte über ihre Fähigkeiten. Sie wurde vermutlich ursprünglich für die CIA entwickelt, wird aber von Bodenpersonal und Technikern der US Air Force betrieben. Die Drohne ist zwar in erster Linie für die Aufklärung und Überwachung konzipiert, aber man geht davon aus, dass sie abhänging von den Einsatzanforderungen auch Munition mitführen kann.

Betrieben wird sie vom 432nd Wing des US Air Force Air Combat Command auf dem Luftwaffenstützpunkt Creek und vom 30th Reconnaissance Squadron auf dem Testgelände Tanopan, beide in Nevada. Sie wurde 2007 in Afghanistan und 2009 in Südkorea eingesetzt. Bei der Sentinel handelt es sich um einen Nurflügler mit der Optik eines Tarnkappenflugzeugs. Sie ist mit einem elektrooptischen Infrarot-Sensor ausgestattet und hat eventuell auch ein aktives Phased-Array-Radar (AESA). Angesichts der Tarnkappentechnik ist zu vermuten, dass sie auch hoch empfindliches Gerät zur Überwachung von Funkverbindungen sowie hyperspektrale Sensoren zur Entdeckung von Atomwaffeneinrichtungen mitführen kann.

LOCKHEED MARTIN RQ-170 SENTINEL

Herkunftsland	USA
Hersteller	Lockheed Martin
Betreiber	US Air Force
Erstflug	2007
Abmessungen	Länge 4,50 m Höhe k. A. Spannweite 20,00 m
Startgewicht max.	k. A.
Antrieb	Mantelstromtriebwerk
Höchstgeschwindigkeit	k. A.
Reichweite/Flugdauer	6 Stunden
Dienstgipfelhöhe	15.240 m (50.000 ft)
Bewaffnung	keine

Eine Sentinel soll beim Angriff auf das Versteck von Osama bin Laden zum Einsatz gekommen sein und mit ihrer Kommunikationstechnik den heimlichen Einsatz im pakistanischen Luftraum unterstützt haben.

▶ LOCKHEED MARTIN STALKER

Die Stalker ist eine handgestartete Drohne, die in erster Linie der Aufklärung, Überwachung und Zielerfassung dient. Sie wurde bei Lockheed Martins Programm Skunk Works für hoch entwickelte Produkte für das US Special Operations Command (USSOCOM) konzipiert.

Bei der Stalker handelt es sich um einen Starrflügler mit einem T-Leitwerk am Ende eines langen Rumpfes. Sie wird mit einem Bungee-Startsystem in die Luft gebracht und landet auf Kufen, die unter dem Rumpf angebracht sind. Das Gesamtsystem umfasst zwei Drohnen, eine Bodenkontrollstation, Kraftstoffzellen, einen Propangasspeichertank sowie Unterstützungsgerät. Bedient und gesteuert wird sie von zwei Soldaten.

Die Stalker hat unter dem Rumpf eine modulare, doppelte elektrooptische/Infrarot-Restlichtkamera, die sich drehen und neigen lässt und auch zoomen kann. Sie kann Tag- und Nachtbilder erstellen. Die Informationen, die die Drohne aussendet, werden von einem Laptop als Bodenkontrollsystem empfangen. Darüber kann der Bediener die Informationen und den Einsatz steuern. Im Jahr 2013 erschien die verbesserte Version Stalker XE mit wesentlich höherer Ausdauer. Sie kann länger über

LOCKHEED MARTIN STALKER XE25

Herkunftsland	USA
Hersteller	Lockheed Martin
Betreiber	US Marine Corps, US Special Operations Command
Erstflug	2006
Abmessungen	Länge 2,13 m Höhe k. A. Spannweite 3,66 m
Startgewicht max.	13,5 kg
Antrieb	Elektroantrieb
Höchstgeschwindigkeit	80 km/h
Reichweite/Flugdauer	2 Stunden
Dienstgipfelhöhe	4.600 m (15.000 ft)
Bewaffnung	keine

STALKER XE25
Ein Soldat vom 1st Battalion 3rd Marines bereitet während einer Übung in Kalifornien den Start einer Stalker XE25 vor. Die Stalker wird vom US Marine Corps und vom US Special Operations Command eingesetzt.

MQ-19 AEROSONDE
Eine kleine Drohne vom Typ Aerosonde startet von der USS Gunston Hall.

dem Zielgebiet verweilen und hat einen robusteren Rumpf, der auch häufigen Einsätzen gewachsen ist.

▶ AAI MQ-19 AEROSONDE

Die MQ-19 ist eine Aufklärungs-, Überwachungs- und Datenerfassungsdrohne, die allwettertauglich ist, über Land und See sowie bei Tag und Nacht eingesetzt werden kann. Ausgestattet ist sie mit Vollbewegungsvideo, einer Kommunikationssuite und einem Instrument für die Fernmelde- und elektronische Aufklärung sowie mit zusätzlichem Gerät je nach Einsatzerfordernissen.

An der Rückseite des Rumpfes befindet sich ein Schwerölmotor Lycoming EL-005, der einen Zweiblatt-Druckpropeller antreibt. Die Flügel sind gerade, und das Höhenleitwerk sitzt am Ende von zwei röhrenförmigen Auslegern. Das Aerosonde-System besteht aus drei Drohnen, einem Anhänger für Start und Landung und einem Bodenkontrollsystem.

Die Aerosonde wird mit einem Gleitschlitten gestartet, der genügend Schub zum Abheben gibt. Eingefangen wird sie mit einem Netz, das zwischen zwei Pfählen gespannt ist. Die neueren Versionen der MQ-19 haben ein eingebautes Start- und Landesystem. Sie ist außerdem kompatibel mit der NATO-Bodenkontrollstation 4886 One System und dem fernbedienten Videoterminal One System.

AAI MQ-19 AEROSONDE

Herkunftsland	USA
Hersteller	AAI Corporation
Betreiber	US Special Operations Command, US Army
Erstflug	1997
Abmessungen	Länge 1,70 m Höhe 0,60 m Spannweite 2,90 m
Startgewicht max.	13,2 kg
Antrieb	Schwerölmotor Lycoming EL-005
Höchstgeschwindigkeit	193 km/h
Reichweite/Flugdauer	3.000 km oder 14 Stunden
Dienstgipfelhöhe	4.500 m (15.000 ft)
Bewaffnung	keine

Die MQ-19 wurde für das Programm Mid-Endurance II des US Special Operations Command ausgewählt und hat sich auch bei extremen Temperaturen in der Arktis und in der Wüste als zuverlässig erwiesen. Sie ist über Land und Wasser einsetzbar. Für die Einsätze bei den Spezialkräften verfügt sie zudem über ordentliche Tarneigenschaften wie eine niedrige optische und akustische

PROX DYNAMICS BLACK HORNET PRS

Herkunftsland	Norwegen/Großbritannien
Hersteller	Prox Dynamics/Marlborough Communications Ltd
Betreiber	Britisches Heer, US Army, US Marine Corps Special Operations Command
Erstflug	2006
Abmessungen	Länge 10,0 cm Höhe k. A. Rotordurchmesser 12,0 cm
Startgewicht max.	18,0 g
Antrieb	Batteriemotor
Höchstgeschwindigkeit	36 km/h
Reichweite/Flugdauer	1,0 km oder bis 25 Minuten
Dienstgipfelhöhe	k. A.
Bewaffnung	keine

BLACK HORNET
Die Hubschrauberdrohne Black Hornet bietet dem einzelnen Soldaten einen Überblick über die Lage und Bedrohungen außerhalb der Sichtlinie. Das gibt den Soldaten der Elite- und Spezialkräfte einen zusätzlichen Vorteil vor dem Angriff auf den Feind.

Signatur. Sie kann Gerät für die verschiedensten Nachrichteneinsätze mitführen, einschließlich elektronischer Kriegsführung und Kommunikation.

Je nach Einsatzerfordernissen können die Führer der Spezialkräfte die Aerosonde mit unterschiedlichem Gerät bestücken. Dazu zählen unter anderem ein Radar mit synthetischer Apertur, 3D-Kartierung, automatische Identifikationssysteme und eine kombinierte elektrooptische/Infrarotkamera.

▶ PROX DYNAMICS BLACK HORNET PRS

Die Black Hornet ist eine Mikrodrohne, die der einzelne Soldat mitführen und einsetzen kann. Zum System Black Hornet gehören zwei Drohnen mit Kontrollstation und Datenempfangsgerät. Der Bediener kann das System am Koppel oder auf dem Rücken tragen.

Sie ist ein winziger Hubschrauber mit Hauptrotor und Heckrotor. Die Black Hornet ist vorn mit drei Kameras ausgerüstet, von denen eine nach vorn, eine nach unten und eine in einem Winkel von 45° ausgerichtet ist. Da das System über zwei Drohnen verfügt, kann der Bediener eine Drohne fliegen lassen, während die andere geladen wird. Die Black Hornet sendet ihre Vollbewegungs- oder Standbilder an einen tragbaren Empfänger, während die Daten im Terminal des Bedieners gespeichert werden.

Sie eignet sich für die Unterstützung von einzelnen Soldaten oder Einheiten im Nahbereich des Bedieners. Das umfasst so praktische Anwendungen wie den Blick über Hindernisse wie Mauern oder Gebäude und den Blick um die Ecke oder sogar den Flug durch Korridore, um eventuellen Hinterhalten vorzubeugen. Sie liefert dabei Informationen über potenzielle Ziele oder für die Bewertung nach einem Angriff. Dabei ist sie im Gelände genauso nützlich wie im Ortskampf. Die Black Hornet kann manuell durch den Bediener gesteuert oder mittels GPS für einen Flug programmiert werden.

Im Jahr 2014 erschien eine überarbeitete Version der Black Hornet mit Nachtsichtfähigkeit und Langwellen-, Infrarot- und Videosensoren. Über einen digitalen Datenlink kann sie bis zu einer Entfernung von 1.600 Metern Videos oder hoch auflösende Standbilder zum Bediener übertragen.

ALIACA
Die in zwei Formen als Aliaca Evo und Aliaca ER gebaute Drohne ist ein Aufklärungs- und Überwachungssystem hoher Ausdauer, das Entfernungen von bis zu 100 Kilometern abdecken kann.

Sie wurde von britischen Brigade-Aufklärungskräften genutzt und kam in Afghanistan zum Einsatz. Im Jahr 2014 wurde die Black Hornet für das Programm Cargo Pocket Intelligence, Surveillance and Reconnaissance (CP-ISR) der US Army ausgewählt. Ein Jahr darauf wurde eine verbesserte Version von den Spezialkräften erprobt und von Spezialeinsatzteams des US Marine Corps verwendet. Sie war auch Teil des Programms für tragbare Sensoren (Soldier Borne Sensors, SBS).

Im Jahr 2018 wurde die Black Hornet 3 eingeführt und kam bei der US Army für die Überwachung und Aufklärung auf Zug- und Kompanieebene zum Einsatz.

▶ SURVEY COPTER ALIACA

Die Survey Aliaca verfügt über einen elektrischen Antrieb und wurde unter anderem für Nachrichteneinsätze, Überwachung und Aufklärung, Küstenschutz und den Schutz von Kolonnen entwickelt. Sie ist mit einer kreiselstabilisierten Kamera ausgestattet. Von der französischen Marine wurden bereits elf Aliaca-Systeme bestellt.

SURVEY COPTER ALIACA EVO

Herkunftsland	Frankreich
Hersteller	Survey Copter
Betreiber	Französische Marine
Erstflug	k. A.
Abmessungen	Länge 2,20 m Höhe k. A. Spannweite 3,60 m
Startgewicht max.	16,0 kg
Antrieb	Elektromotor
Höchstgeschwindigkeit	k. A.
Reichweite/Flugdauer	50 km oder 3 Stunden
Dienstgipfelhöhe	3.000 m (9.800 ft)
Bewaffnung	keine

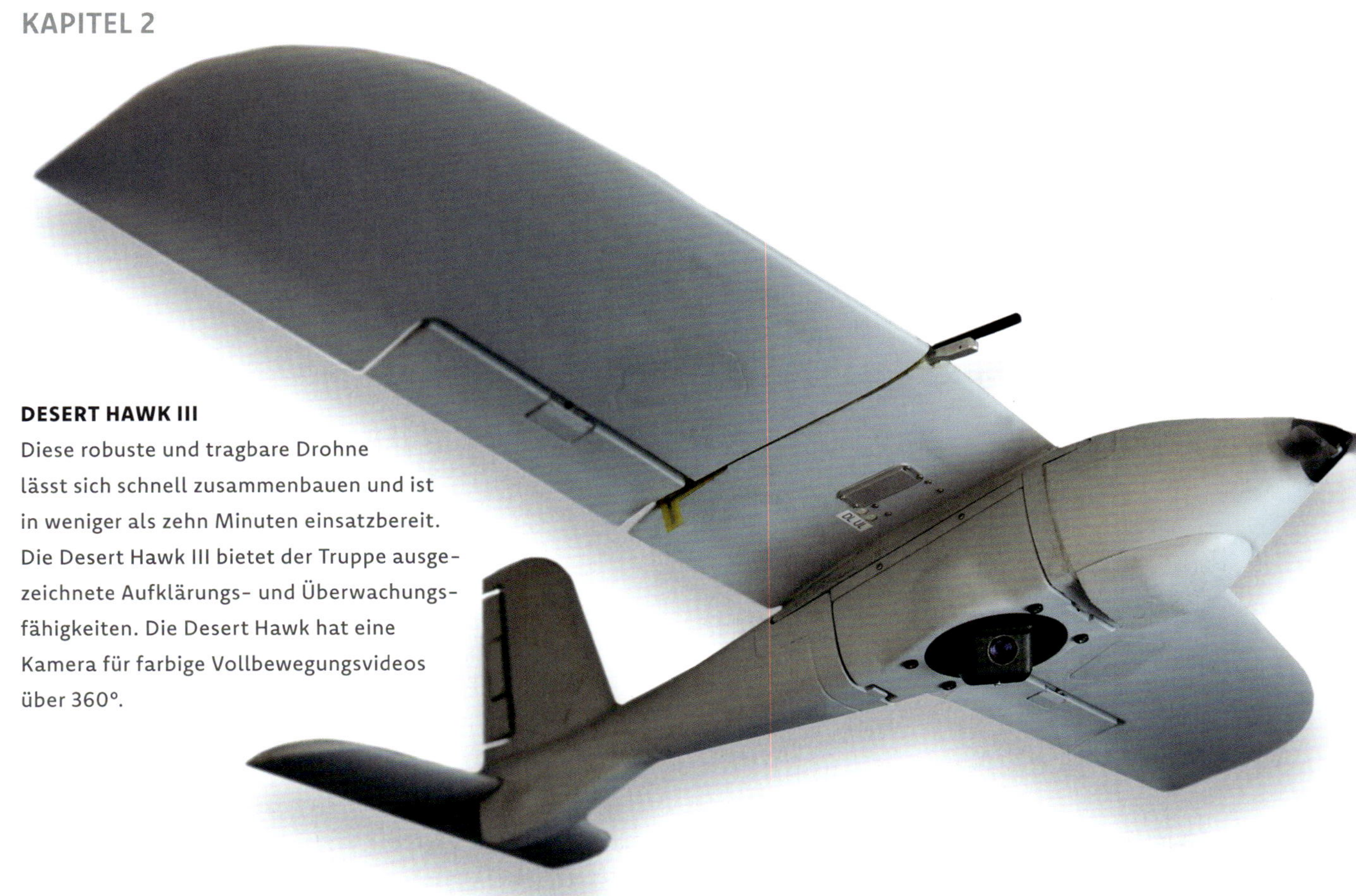

DESERT HAWK III
Diese robuste und tragbare Drohne lässt sich schnell zusammenbauen und ist in weniger als zehn Minuten einsatzbereit. Die Desert Hawk III bietet der Truppe ausgezeichnete Aufklärungs- und Überwachungsfähigkeiten. Die Desert Hawk hat eine Kamera für farbige Vollbewegungsvideos über 360°.

LOCKHEED MARTIN DESERT HAWK III

Herkunftsland	USA
Hersteller	Lockheed Martin
Betreiber	US Air Force, britisches Heer
Erstflug	2006
Abmessungen	Länge 0,86 m Höhe k. A. Spannweite 1,32 m
Startgewicht max.	3,7 kg
Antrieb	Elektromotor
Höchstgeschwindigkeit	92 km/h
Reichweite/Flugdauer	1,5 Stunden
Dienstgipfelhöhe	150 m (500 ft)
Bewaffnung	keine

▶ LOCKHEED MARTIN DESERT HAWK

Die Kleindrohne Desert Hawk übermittelt Nachrichten, Aufklärung, Überwachung, Zielerfassung und ähnliche Informationen an kleine militärische Bodeneinheiten. Sie zeichnet sich besonders durch ihre Tragbarkeit, Robustheit und Anpassungsfähigkeit aus. Sie wird aus der Hand oder mittels eines Gummiseils gestartet und kann ohne Fahrwerk landen. Der flexible und widerstandsfähige Rumpf besteht aus einem zähen Propyläen-Verbundwerkstoff und ist so konzipiert, dass er so auseinanderbricht, dass das empfindliche elektronische Gerät nicht beschädigt wird.

Die erste Version wurde für das Programm Fliegende Überwachungssysteme zum Schutz der Truppe (Force Protection Airborne Surveillance System, FPASS) der US Air Force entwickelt. Später wurde die Desert Hawk beim 32nd Royal Artillery Regiment des britischen Heeres eingeführt. Sie hat elektrooptische/Infrarotkameras für farbige Vollbewegungsvideos über 360° an Bord. Dazu können verschiedene Nutzlasten eingeklinkt und mit Plug-and-Play verbunden werden. So macht die Desert Hawk sich bei den verschiedensten Aufgaben nützlich und unterstützt und schützt die Truppe bei Tag und Nacht. Sie kann in weniger als zehn Minuten montiert und gestartet werden.

Lockheed Martin entwickelte die Desert Hawk weiter und brachte bald unter der Bezeichnung Desert Hawk III eine robustere, längere und trotzdem leichtere Version auf den Markt. Diese Version wurde sowohl von den US-amerikanischen als auch britischen Streitkräften häufig eingesetzt, auch in Afghanistan. Bei der neuen Version saßen Motor und Propeller vorn am Rumpf. Später kam noch die Desert Hawk IV dazu, die über die neuesten technischen Errungenschaften verfügte, ohne dabei schwerer zu sein. Dazu hatte sie noch Deep-Stall-Technik (fast vertikale Landung), was die Landung und Bergung vereinfacht. Die Desert Hawk IV kann auch bei extremen Wetterbedingungen wie Starkregen, Schnee und Sturm fliegen.

Zusätzlich gibt es eine größere Variante mit der Bezeichnung Desert Hawk Extended Endurance and Range (DH EER). Diese hat eine wesentlich größere Spannweite und kann somit besser segeln, was zu einer größeren Ausdauer führt. So stößt sie in die Leistungsbereiche der viel größeren Tier-2-Drohnen vor, und das zu den günstigen Kosten einer Tier-1-Drohne. Die Oberflächen der Flügel enthalten Solarzellen zum Nachladen der Akkus. Die DH EER kann mehr Gerät mitführen und bietet so eine bessere elektronische Aufklärung und Fernmeldeaufklärung.

▶ THALES WATCHKEEPER WK450

Die Watchkeeper, in Großbritannien entwickelt und gebaut, ist eine Drohne für Nachrichtengewinnung, Überwachung, Zielerfassung und Aufklärung (ISTAR). Sie kann qualitativ sehr hochwertige Bilder sammeln, verarbeiten und verteilen. Diese von der Watchkeeper gebündelten Informationen werden entweder direkt an höhere militärische Führer oder Nachrichtenanalysten geschickt oder gleich zu den Soldaten am Boden gestreamt. Dazu gehören auch Bilder von gegnerischen Fahrzeugen und ihren Bewegungen.

THALES WATCHKEEPER WK450

Herkunftsland	Vereinigtes Königreich
Hersteller	Thales Group
Betreiber	Britisches Heer
Erstflug	14. April 2010
Abmessungen	Länge 3,40 m Höhe 1,80 m Spannweite 3,80 m
Startgewicht max.	150,0 kg
Antrieb	UAV-Engines-Limited-R802/902(W)-Wankelmotor
Höchstgeschwindigkeit	120 km/h
Reichweite/Flugdauer	200 km
Dienstgipfelhöhe	7.100 m (23.294 ft)
Bewaffnung	keine

Die Watchkeeper kann auf eine Distanz von bis zu 200 Kilometern arbeiten und in einer Höhe von knapp 4.900 Metern operieren. In der Regel kann sie bis zu vier Stunden in der Luft bleiben.

Die Watchkeeper hat ein elektrooptisches/Infrarot- und Laser-HD-System sowie ein Radar mit synthetischer Apertur vom Typ Thales-I-Master. Es kann wahlweise im Stripmap- oder im Spotlight-Modus betrieben werden und unterstützt eine Kartierung mit hoher Auflösung.

WATCHKEEPER WK450

Eine Watchkeeper-Drohne des 47th Regiment der Royal Artillery abflugbereit auf dem Luftwaffenstützpunkt Akrotiri in Zypern. Die Watchkeeper übernimmt die Zielerfassung für die Artillerie.

Dazu hat sie ein Laser-Subsystem mit Zielmarkierer, Zielbeleuchter und Entfernungsmesser, das verschiedene Ziele über einen MTI-Zielerfasser identifizieren kann. Sie kann im Flug auf neue Aufgaben umprogrammiert werden. Die Watchkeeper wurde für das britische Heer entwickelt und wird derzeit vom 47th Regiment der Royal Artillery betrieben. Die Drohne wurde nach Camp Bastion in Afghanistan verlegt und kam dort zusammen mit anderen Drohnen wie der Reaper zum Einsatz.

Obwohl es zunächst verschiedene Probleme während der Entwicklung gab und auch einige Abstürze wegen Software-Fehlern, soll sie im Jahr 2026 noch einmal aufgerüstet werden. Dort werden dann abgängige Bauteile ausgetauscht. Die Verbesserungsmaßnahmen und die Kontrollsysteme sollen vom Intelligence, Surveillance, Targeting, Acquisition and Reconnaissance (ISTAR) Office des britischen Heeres überwacht werden.

▶ PIAGGIO P.1HH HAMMERHEAD

Die P.1HH Hammerhead basiert auf dem erfolgreichen Geschäftsreiseflugzeug Piaggio P.180 Avanti und ist eine High-End-Drohne für mittlere Flughöhen und mit großer Ausdauer, die in erster Linie zur Nachrichtengewinnung, Überwachung und Aufklärung konzipiert wurde. Da sie auf einem bemannten Passagierflugzeug basiert, hat sie reichlich Platz für Einsatzgerät an Bord und große Tanks für Langstreckenflüge. Die zwei Turboprop-Motoren Pratt & Whitney Canada PT6A-66 mit den geräuscharmen Fünfblatt-Propellern sorgen für genügend Schub und machen die Hammerhead zur schnellsten Langstreckendrohne ihrer Klasse. Das Gerät an Bord kann an die Einsatzprioritäten angepasst werden und schließt Aufklärungs- und Überwachungssysteme, Systeme für die Fernmeldeüberwachung sowie für die Fernmelde- und elektronische Aufklärung ein. Die Steuerung erfolgt mit einem Einsatzmanagementsystem. Das Luftfahrzeug selbst wird über ein Luftfahrzeugsteuersystem (VCMS) geführt. Die Kommunikation mit der Bodenkontrollstation übernimmt ein fliegendes Datenlink-System, das sowohl innerhalb als auch außerhalb der Sichtweite arbeitet. Zur Bodenkontrollstation selbst gehören eine

PIAGGIO P.1HH HAMMERHEAD

Herkunftsland	Italien
Hersteller	Piaggio Aerospace
Betreiber	Vereinigte Arabische Emirate
Erstflug	2013
Abmessungen	Länge 14,40 m Höhe 3,98 m Spannweite 15,60 m
Startgewicht max.	6.600,0 kg
Antrieb	Pratt & Whitney Canada
Höchstgeschwindigkeit	731 km/h
Reichweite/Flugdauer	8.149 km
Dienstgipfelhöhe	13.716 m (45.000 ft)
Bewaffnung	keine

P.1HH HAMMERHEAD
Eine Drohne für mittlere Flughöhen und große Ausdauer vom Typ Hammerhead auf der International Defence Exhibition (IDEX) in Abu Dhabi im Jahr 2015. Die Hammerhead basiert auf dem Geschäftsreiseflugzeug P.180 Avanti.

Besatzung und sämtliches Gerät für die Steuerung von bis zu drei separaten Drohnen.

Die Hammerhead kann automatisch starten und landen. Hinter dem abgeschirmten Flugdeck und einer Verkleidung auf dem Rücken des Rumpfes sind das Satellitenkommunikationssystem, die Avionik und das für den Einsatz erforderliche Gerät untergebracht.

Der Markt für Drohnen mittlerer Flughöhe und mit großer Ausdauer steht in einem starken Wettbewerb. Hier hat die Hammerhead als umgebautes Passagierflugzeug ein Alleinstellungsmerkmal, weil die Konkurrenzmodelle in der Regel reine Drohnen sind.

▶ DENEL DYNAMICS BATELEUR

Die mittelgroße Drohne für mittlere Flughöhen und mit großer Ausdauer ist für Überwachung und Fernmelde- und elektronische Aufklärung konzipiert. Sie ähnelt in ihrer Konstruktion der MQ-1 Predator-A von General Atomics. Im gewölbten Bug verbergen sich die Avionik und diverse Sensoren. Die Optik befindet sich in einer

FALCO XPLORER
Eine Falco Xplorer auf der Pariser Internationalen Luftfahrtschau in Le Bourget im Jahr 2019. Das leichte elektrooptische Sensorsystem EOSS befindet sich in einem in vier Achsen kreiselstabilisierten Turm. Dieser Turm kann bis zu sechs elektrooptische Sensoren aufnehmen.

rotierenden kardanischen Aufhängung unter dem Bug. Die geraden Flügel sind in der Mitte des Rumpfes und die senkrechten Höhenflossen auf waagerechten Höhenleitwerken angebracht.

Der Motor sitzt hinten am Rumpf und treibt einen Dreiblatt-Propeller an. Die Konstruktion der Bateleur ist modular und kann in verschiedenen Konfigurationen – zerlegt in einem Behälter – transportiert und geliefert werden. Die Ausrüstung mit unterschiedlichen Geräten ist möglich. Dazu gehören auch ein elektrooptisches Infrarotsystem mit einem optionalen Laser-Entfernungsmesser, ein Laser-Zielmarkierungsgerät, Geräte für die elektronische Nachrichtengewinnung und zur Ortung elektronischer Strahlung sowie ein Radar mit synthetischer Apertur.

Die Drohne eignet sich für die elektronische Nachrichtengewinnung, Aufklärung und Überwachung, die luftgestützte Weitergabe und Bildaufklärung, Gefechtsfeldüberwachung, Zielerfassung und -beleuchtung und die Feuerunterstützung durch die Artillerie.

▶ LEONARDO FALCO XPLORER

Die Xplorer ist eine Drohne für mittlere Flughöhen und mit großer Ausdauer, die durchgehend Nachrichten, Überwachung und Aufklärung liefert. Sie kann mit den verschiedensten Standard- oder auch einsatzspezifischen Sensoren bestückt werden.

Sie hat einen langen Rumpf mit einer Erhebung am Bug und ein V-förmiges Heck, hinter dem sich ein Druckpropeller befindet, welcher von einem konventionellen

LEONARDO FALCO XPLORER

Herkunftsland	Italien
Hersteller	Leonardo
Betreiber	k. A.
Erstflug	15. Januar 2020
Abmessungen	Länge 9,00 m Höhe k. A. Spannweite 18,50 m
Startgewicht max.	1.300,0 kg
Antrieb	Herkömmlicher Flugzeugmotor
Höchstgeschwindigkeit	216 km/h
Reichweite/Flugdauer	24 Stunden
Dienstgipfelhöhe	9.100 m (30.000 ft)
Bewaffnung	bis zu 6 lasergelenkte 70-mm-Raketen

ORBITER 2

Diese kompakte und leichte Minidrohne bietet Nachrichtengewinnung, Überwachung und Zielerfassung in Echtzeit. Sie kann von einem einzelnen Soldaten getragen und gestartet werden.

Flugzeugtriebwerk angetrieben wird. Dazu verfügt die Drohne über ein einziehbares Fahrwerk. Ausgeliefert wird das Gesamtsystem mit einer Bodenkontrollstation, einem Bodendatenterminal, zwei Drohnen und einem Unterstützungsgerät. Das System kann in luftverladbaren Behältern transportiert werden.

In der Grundausstattung verfügt die Xplorer über ein multifunktionales Radar mit synthetischer Apertur, einen kreiselstabilisierten Turm mit elektrooptischen Mehrfachsensoren und eine Suite für die Fernmelde- und elektronische Aufklärung. Sie hat das Überwachungsradar Gabiano T8OUL für das Mapping, die MTI-Zielerfassung und Such- und Rettungseinsätze.

Mit ihren Flugleistungen und Ausstattungspaketen ist die Xplorer ein nützliches militärisches Mittel und kann gleichzeitig in der Heimat für Such- und Rettungseinsätze verwendet werden. Auch für die Überwachung auf See ist sie geeignet. Der leichte Turm mit seinem elektrooptischen Sensorsystem (EOSS) kann bis zu acht Sensoren aufnehmen, zum Beispiel Infrarot- und Bildkameras, Laser-Entfernungsmesser, Laserbeleuchter und Laser-Zielmarkierungsgeräte. Dazu hat die Xplorer auch Sensoren für das elektronische Nachrichtengewinnungssystem SAGE, für Klimaklassifikationsysteme und die Fernmelde- und elektronische Aufklärung.

AERONAUTICS ORBITER 2

Herkunftsland	Israel
Hersteller	Aeronautics Group
Betreiber	Irisches Heer, Landstreitkräfte von Aserbaidschan, mexikanische Bundespolizei, israelische Marine, polnisches Heer, finnisches Heer, serbisches Heer
Erstflug	2008
Abmessungen	Länge 0,90 m Höhe k. A. Spannweite 3,00 m
Startgewicht max.	13,0 kg
Antrieb	Elektromotor
Höchstgeschwindigkeit	93 km/h
Reichweite/Flugdauer	über 3 Stunden
Dienstgipfelhöhe	3.000 m (9.800 ft)
Bewaffnung	keine

Je nach Einsatzerfordernissen kann die Drohne auch mit anderem Gerät bestückt werden. Sie verfügt über ein automatisches und unterstütztes Flight Management System (FMS), das automatisch starten und landen kann.

▶ AERONAUTICS ORBITER 2

Die kleinen Orbiter-Aufklärungsdrohnen werden in den Versionen 2, 3 und 4 produziert und mit aufsteigender Ziffer immer größer und leistungsfähiger. Die kleinste Variante, die Orbiter 2, ist eine leichte, tragbare Drohne für Nachrichtengewinnung, Überwachung, Zielerfassung und Aufklärung (ISTAR). Sie kann in Kriegen hoher und niedriger Intensität, aber auch im Ortskampf und im Kampf gegen Aufständische eingesetzt werden.

Auch für die Überwachung auf See ist sie geeignet. Sie ist bei Tag und Nacht einsetzbar und verfügt über stabilisierte elektrooptische und Infrarotsensoren, eine elektrooptische Kamera mit Laser-Zielmarkierungsgerät und photogrammetrisches Mapping. Die Orbiter 2 wird mit einem Katapult gestartet und kann automatisch abheben und landen. Geborgen wird sie mit einem Fallschirm über festem Land oder mit einem Netz auf See.

▶ AERONAUTICS ORBITER 3

Die Orbiter 3 ist eine kleine, taktische Drohne mit zahlreichen Sensoren. Sie bietet Nachrichtengewinnung, Überwachung, Zielerfassung und Aufklärung mit hoher Ausdauer. Zu ihren Merkmalen zählen auch eine digitale Datenübertragung und Laser-Zielmarkierung. Dazu hat sie Fähigkeiten für die Fernmelde- und elektronische Aufklärung.

Die Orbiter 3 kann innerhalb von sieben Minuten von einem Katapult gestartet werden. Ihr Elektromotor hat nur eine leise akustische Signatur, was sie zusammen mit der niedrigen Silhouette für verdeckte Operationen

ORBITER 3

Eine Drohne Orbiter 3 und ihr Steuergerät bei der Unmanned Vehicles Conference in Tel Aviv im Jahr 2015. Das Display auf dem gehärteten Laptop zeigt, welche Echtzeitnachrichten eine Drohne liefern kann.

ORBITER 4

Die Orbiter 4 ist eine verbesserte Version der Orbiter 3, die sich besonders für Marineeinsätze eignet. Sie kann von verschiedenen Schiffen aus betrieben werden und hat Fähigkeiten für die Zielerfassung und Feuerleitung.

AERONAUTICS ORBITER 4

Herkunftsland	Israel
Hersteller	Aeronautics Group
Betreiber	Israelische Verteidigungsstreitkräfte
Erstflug	2008
Abmessungen	Länge 1,20 m Höhe k. A. Spannweite 5,20 m
Startgewicht max.	50,0 kg
Antrieb	Vielstoffmotor mit Fremdzündung
Höchstgeschwindigkeit	130 km/h
Reichweite/Flugdauer	bis 24 Stunden
Dienstgipfelhöhe	5.486 m (18.000 ft)
Bewaffnung	keine

besonders geeignet macht. Die Orbiter 3 ist eine robuste, kampfbewährte Plattform mit zahlreichen Anwendungsmöglichkeiten.

▶ AERONAUTICS ORBITER 4

Neben allen Merkmalen der Orbiter 3 verfügt die Orbiter 4 über weitere Verbesserungen. Sie bietet mehr Ausdauer und Flexibilität im Einsatz, eine modernere Avionik und viel mehr taktische Einsatzmöglichkeiten. Sie kann Nachrichtengewinnung, Überwachung, Zielerfassung, Fernmeldeaufklärung und elektronische Kriegsführung über Land und See durchführen. Zu ihren erweiterten Bildbearbeitungsfähigkeiten gehören digitaler Zoom und Super-Resolution, ein automatischer Videotracker, ein Video-Motion-Detection-System (Video mit Bewegungsmelder/VMD), Video-Mosaik-Zusammensetzung und Bildstabilisierung.

Anders als die Orbiter 2 und 3 hat die Orbiter 4 einen Vielstoffmotor mit Fremdzündung. Sie kann automatisch starten und landen und verfügt über sechs autonome Flugmodi. Tiefsee- und Küstenaufklärung gehören zu den maritimen Einsatzmöglichkeiten, und sie ist auf einer Reihe von Marineschiffen einsetzbar.

▶ AERONAUTICS DOMINATOR XP

Diese Drohne für mittlere Flughöhen und mit großer Ausdauer basiert auf dem österreichischen, zweimotorigen Flugzeug Demon DA-42 Twin Star. Sie ist in erster Linie für die Nachrichtengewinnung, Überwachung und Aufklärung unter allen Wetterbedingungen konzipiert, eignet sich aber auch für die maritime Überwachung und die Heimatverteidigung.

Ihr Mehrfachsensoren-System für unterschiedliche Einsätze umfasst eine Datenverbindung, Kommunikation sowohl innerhalb als auch außerhalb der Sichtlinie und via Satellit (SATCOM). Die an die jeweiligen Einsatzerfordernisse angepasste Nutzlast kann elektrooptische, Infrarot- und Hyperspektral-Sensoren umfassen, dazu Laser-Beleuchtung und -Zielerfassung, Schiffsradar, SAR-/GMTI-Radar und Kommunikationsrelais. Zudem kann die Dominator über eine Sichtverbindung bis zu 300 Kilometern arbeiten oder außerhalb der Sichtlinie über Satellitenkommunikation mithilfe geostationärer Satelliten. Zum System gehört eine Bodenstation mit

AERONAUTICS DOMINATOR XP

Herkunftsland	Israel
Hersteller	Aeronautics Group
Betreiber	Israelische Verteidigungsstreitkräfte
Erstflug	2009
Abmessungen	Länge 8,60 m Höhe 2,50 m Spannweite 13,50 m
Startgewicht max.	1.200,0 kg
Antrieb	2x Thielert-Dieselmotoren
Höchstgeschwindigkeit	354 km/h
Reichweite/Flugdauer	20 Stunden
Dienstgipfelhöhe	9.100 m (30.000 ft)
Bewaffnung	keine

DOMINATOR XP
Die auf einem konventionellen, leichten Passagierflugzeug basierende Dominator XP kann die verschiedensten Nutzlasten aufnehmen und stellt damit strategische Nachrichtengewinnung und Überwachung für Land- und Seeoperationen zur Verfügung.

benutzerfreundlichem Interface für Routenplanung, Einsatzmodi, Sensorsteuerung und Zielerfassung.

Die Dominator kann maritime Operationen gegen U-Boote und Schiffe durchführen. Sie ist mit einem automatischen Start- und Landesystem (ALR) ausgerüstet. Die Drohne kann auch dann noch geradeaus fliegen und die Höhe halten, wenn einer der Motoren ausfällt, und erfüllt alle Forderungen der israelischen Verteidigungsstreitkräfte. Sie wird außerdem auch bei einigen NATO-Staaten eingesetzt.

▶ AERONAUTICS AEROSTAR

Bei der taktischen Drohne Aerostar handelt es sich um ein bewährtes System, das bei Einsätzen in aller Welt über 250.000 Flugstunden angesammelt hat. Dank eines flexiblen Systems, das ganz auf die Einsatzerfordernisse abgestimmt werden kann, sind die unterschiedlichsten Nutzlasten möglich.

Die Aerostar ist ein Schulterdecker mit einem Dieselmotor hinten am Rumpf, mit welchem ein Druckpropeller angetrieben wird. An zwei langen Auslegern im Heck

AEROSTAR
Die taktische Drohne Aerostar ist ein kampferprobtes System, das von Streitkräften in aller Welt eingesetzt wird. Die große Nutzlast kann aus diversen Sensoren und Radargeräten bestehen.

AERONAUTICS AEROSTAR

Herkunftsland	Israel
Hersteller	Aeronautics Group
Betreiber	Israelische Verteidigungs-streitkräfte
Erstflug	2000
Abmessungen	Länge 4,50 m Höhe 1,30 m Spannweite 7,50 m
Startgewicht max.	100,0 kg
Antrieb	Zweitakt-Boxermotor Zanzoterra 498i
Höchstgeschwindigkeit	203 km/h
Reichweite/Flugdauer	200 km oder 10 Stunden
Dienstgipfelhöhe	5.486 m (18.000 ft)
Bewaffnung	keine

sitzt das Höhenleitwerk mit zwei senkrechten Flächen, auf denen die waagerechte Höhenflosse sitzt. Mittig unter dem Rumpf befindet sich eine elektrooptische Kamera in einer kardanischen Aufhängung, während ein Mast auf dem Rumpfrücken das Datenverbindungssystem unterstützt. Die Aerostar ist geeignet für GPS- und Trägheitsnavigation, kann aber auch in Gebieten operieren, wo das GPS gesperrt ist. Sie hat ein automatisches Start- und Landesystem sowie programmierbare Modi für den autonomen Flug.

Zur Ausrüstung zählen elektrooptische/Infrarot-Sensoren, ein Laser-Zielmarkierungsgerät, Radar mit synthetischer Apertur (SAR/GMTI) und Sensoren für die elektronische Nachrichtengewinnung. Mit diesem Gerät ist die Aerostar geeignet für die Nachrichtengewinnung, Überwachung und Aufklärung über Land und See, die elektronische Kriegsführung, den Schutz der eigenen Truppe und die Zielerfassung. Die Nachrichten werden über Satellitenfunk an die Bodenstation gesendet.

▶ ELBIT HERMES 450

Diese kampferprobte Drohne eignet sich für Einsätze von über 24 Stunden und kann mit den verschiedensten Nutzlasten bestückt werden. Sie kann sogar zwei unterschiedliche Nutzlasten aufnehmen und dadurch zwei Einsätze gleichzeitig durchführen.

Die Hermes 450 hat einen langen, röhrenförmigen Rumpf und gerade Flügel und einen Wankelmotor, der einen Zweiblattpropeller am Ende des Rumpfs antreibt. Die beiden Höhenflossen sind V-förmig angeordnet. Das Fahrwerk der Drohne kann nicht eingezogen werden.

Eine kardanische Aufhängung unter dem Rumpf trägt die optischen Systeme. Die Hermes 450 kann mit einer Reihe von Sensoren ausgerüstet werden, darunter ein elektrooptischer und ein Infrarot-Laser und ein MTI-Zielerfassungssystem, und sie beherrscht die Fernmeldeaufklärung und elektronische Aufklärung. Dazu hat die Hermes 450 hyperspektrale Systeme. Außerdem verfügt sie über ein automatisches Start- und Landesystem und ist äußerst autonom unterwegs.

Israelische Verteidigungsstreitkräfte und Militärs verschiedener Staaten setzten die Drohne im Kampf ein. Die Watchkeeper des britischen Heeres, die häufig von den Briten in Afghanistan genutzt wurde, ist eine Weiterentwicklung der Hermes 450.

▶ ELBIT HERMES 900

Die Hermes 900 ist eine Drohne für mittlere Flughöhen und mit großer Ausdauer, die speziell für Überwachung,

ELBIT HERMES 450

Herkunftsland	Israel
Hersteller	Elbit Systems
Betreiber	Israelische Verteidigungsstreitkräfte
Erstflug	April 1994
Abmessungen	Länge 6,10 m Höhe k. A. Spannweite 10,50 m
Startgewicht max.	550,0 kg
Antrieb	Wankelmotor
Höchstgeschwindigkeit	176 km/h
Reichweite/Flugdauer	260 km oder 17 Stunden
Dienstgipfelhöhe	5.500 m (18.000 ft)
Bewaffnung	keine

HERMES 450

Die Hermes 450 ist eine kampferprobte taktische Drohne, die von den israelischen Verteidigungsstreitkräften und anderen Streitkräften gern eingesetzt wird. Sie wurde von den britischen Streitkräften in Afghanistan benutzt und bildet die Grundlage der Drohne Watchkeeper.

HERMES 900

Mit ihrer großen Ausdauer und der Fähigkeit zur Langzeitüberwachung kann die Hermes 900 Ziele am Boden und auf See über einen weiten Spektralbereich überwachen.

ELBIT HERMES 900

Herkunftsland	Israel
Hersteller	Elbit Systems
Betreiber	Israelische Verteidigungsstreitkräfte
Erstflug	9. Dezember 2009
Abmessungen	Länge 8,30 m Höhe k. A. Spannweite 15,00 m
Startgewicht max.	1.180,0 kg
Antrieb	Kolbenmotor Rotax 916
Höchstgeschwindigkeit	222 km/h
Reichweite/Flugdauer	2.000 km oder 40 Stunden
Dienstgipfelhöhe	9.144 m (30.000 ft)
Bewaffnung	keine

Nachrichtengewinnung, Zielerfassung und Aufklärung konzipiert wurde. Sie ist mit zahlreichen Sensoren ausgestattet, unter anderem mit elektrooptischen und Infrarotsensoren, einem Radar mit synthetischer Apertur, MTI-Zielerfassung, Sensoren für die Fernmelde- und elektronische Aufklärung sowie die elektronische Kriegsführung und mit hyperspektralen Sensoren. Zudem verfügt sie über Satellitenfunk und eine Sichtliniendatenverbindung und kann auch bei ungünstigem Wetter operieren. In der Wölbung oben am Bug sind Avionik und andere einsatzrelevante Systeme untergebracht.

Bedient wird das System über eine universelle Bodenkontrollstation, mit der auch die Drohne Hermes 450 gesteuert werden kann. Angetrieben wird die Hermes 900 von einem Rotax-Motor, der einen Druckpropeller hinten am Rumpf antreibt. Unter den Flügeln befinden sich Befestigungspunkte für zusätzliche Benzintanks. Das einziehbare Fahrwerk sorgt für weniger Luftwiderstand während des Fluges.

Die Hermes 900 wurde von der israelischen Luftwaffe bestellt und steht auch bei anderen Streitkräften in der Diskussion, wie zum Beispiel bei der thailändischen Marine.

ELBIT HERMES 45

Herkunftsland	Israel
Hersteller	Elbit Systems
Betreiber	Israelische Verteidigungs-streitkräfte
Erstflug	k. A.
Abmessungen	Länge 1,00 m Höhe 0,80 m Spannweite 5,00 m
Startgewicht max.	70,0 kg
Antrieb	Verbrennungsmotor
Höchstgeschwindigkeit	k. A.
Reichweite/Flugdauer	200 km oder 22 Stunden
Dienstgipfelhöhe	5.486 m (18.000 ft)
Bewaffnung	keine

▶ ELBIT HERMES 45

Diese vielseitige, kleine, taktische Drohne eignet sich für Nachrichtengewinnung, Überwachung, Zielerfassung und Aufklärung (ISTAR) auf der Brigade- und Divisionsebene. Auch für maritime Einsätze kann sie verwendet werden. Die Hermes 45 startet mit einem Katapult und verfügt über ein punktuelles, automatisiertes Landesystem. Mittels Satellitenfunk ist eine Sichtverbindung über 200 Kilometer möglich.

Die Hermes 45 verfügt über einen Innenschacht für verschiedene Nutzlasten wie zum Beispiel ein elektrooptisches oder Infrarotgerät, Seeradar, einen Sensor zur Beherrschung des Geländes, Systeme zur elektronischen Nachrichtengewinnung und Fernmeldeaufklärung oder andere Möglichkeiten.

▶ IAI HERON MK I

Dieses System für mittlere Flughöhen und mit großer Ausdauer ist für taktische und strategische Einsätze geeignet. Die Heron Mk I erreicht Flughöhen von bis zu 10.000 Metern und kann bis zu 45 Stunden permanent in der Luft bleiben.

Das System, das mit unterschiedlichen Geräten auf verschiedene Einsätze ausgelegt ist, kann Nachrichten-

HERMES 45

Die Hermes 45 ist ein kompaktes System für Punktstart und -landung vom Land oder von Schiffen und bietet einen weiten Bereich an Aufklärungs-, Überwachungs- und Zielerfassungsfähigkeiten.

HERON MK I
Die Heron Mk I ist eine höchst erfolgreiche Plattform für strategische Aufklärungs- und Überwachungseinsätze, die von Streitkräften in aller Welt benutzt wird. Sie kann mit Boden-, Luft- und Marinetruppen interagieren.

gewinnung, Überwachung, Aufklärung über Land und See sowie Zielerfassung durchführen. Es kann sowohl über eine Sichtverbindung als auch außerhalb der Sichtlinie über Satellitenfunk kommunizieren und die Daten in Echtzeit an die Bediener übermitteln.

Die mitgeführten Geräte umfassen ein Radar mit synthetischer Apertur, Systeme für die Fernmeldeaufklärung, elektronische Unterstützungsmaßnahmen und elektronische Nachrichtengewinnung sowie ein Radar für die Seefernaufklärung. Die Schwerölversion der Mk I wird als Super Heron HF angeboten.

▶ IAI HERON MK II

Die Heron Mk II unterscheidet sich von der Heron Mk I durch den längeren und breiteren Rumpf und einen stärkeren Motor, der die Steigleistung um 50 Prozent erhöht. Zudem verfügt die Version Mk II über eine Stand-off-Fähigkeit, dank derer sie Nachrichten gewinnen

IAI HERON MK I

Herkunftsland	Israel
Hersteller	IAI Malat Division
Betreiber	Israelische Verteidigungsstreitkräfte, indische Luftwaffe, brasilianische Bundespolizei, türkische Luftwaffe
Erstflug	1994
Abmessungen	Länge 8,50 m Höhe 2,30 m Spannweite 16,60 m
Startgewicht max.	1.150 kg
Antrieb	Kolbenmotor Rotax 916
Höchstgeschwindigkeit	210 km/h
Reichweite/Flugdauer	52 Stunden
Dienstgipfelhöhe	10.668 m (35.000 ft)
Bewaffnung	keine

TACTICAL HERON
Eine Tactical Heron startet auf der Startbahn des Luftwaffenstützpunkts Palmachim in Israel.

IAI TACTICAL HERON

Herkunftsland	Israel
Hersteller	IAI Malat Division
Betreiber	Israelische Verteidigungs-streitkräfte
Erstflug	2019
Abmessungen	Länge 7,30 m Höhe k. A. Spannweite 10,30 m
Startgewicht max.	600,0 kg
Antrieb	Rotax-Kolbenmotor mit Benzineinspritzung
Höchstgeschwindigkeit	222 km/h
Reichweite/Flugdauer	300 km oder 24 Stunden
Dienstgipfelhöhe	7.010 m (23.000 ft)
Bewaffnung	keine

kann, ohne internationale Grenzen zu überschreiten oder in die Reichweite gegnerischer Waffen zu geraten. Ermöglicht wird dies durch bessere Sensoren.

▶ IAI HERON TP

Die Heron TP ist eine fortschrittliche Langstreckendrohne für mittlere Flughöhen. Sie ist länger, schneller und erreicht größere Flughöhen als die Heron Mk I und verfügt außerdem über automatische Start- und Landesysteme und Satellitenfunk (SATCOM). Sie dient der Nachrichtengewinnung, Überwachung, Zielerfassung und Aufklärung (ISTAR) und lässt sich an eine Reihe weiterer Einsatzerfordernisse anpassen.

▶ IAI TACTICAL HERON

Die Tactical Heron ist die kleinste Plattform der Heron-Familie, eine taktische Drohne für unterschiedlichste Einsätze und Nutzlasten. Trotz ihrer relativ geringen Größe ist sie das mächtigste taktische System im Bestand der israelischen Verteidigungsstreitkräfte und verfügt über die modernste Technologie. Sie kann Nachrichten gewinnen und in Echtzeit an die bedienenden Soldaten übertragen. Die Drohne verfügt über eine Breitband-Datenverbindung, deren Reichweite sich einfach per Satellitenfunk erweitern lässt. Dazu ist sie praxisgerecht konzipiert und kann auch von einem improvisierten Flugplatz aus gestartet werden. Sie kann mit den anderen Systemen der israelischen Verteidigungsstreitkräfte zusammenarbeiten, auch mit dem Bodenkontrollsystem.

Die mitgeführte Ausrüstung umfasst ein Radar mit synthetischer Apertur und Systeme für Fernmeldeaufklärung, elektronische Unterstützungsmaßnahmen und elektronische Nachrichtengewinnung. Zudem verfügt die Drohne über ein Radar für die Seefernaufklärung.

▶ IAI SEARCHER

Die Searcher ist eine unbewaffnete, taktische Drohne für verschiedene Einsätze, vorrangig für die Nachrichtengewinnung, Überwachung, Zielerfassung und Aufklärung. Sie kann auch bei der Ausrichtung der Artillerie und der

Gefechtsschadenbewertung eingesetzt werden. Zwar ist sie mehr als doppelt so groß wie die Scout, aber trotzdem noch ein recht kompaktes System für die Gewinnung und Übertragung hochwertiger Nachrichten in Echtzeit aus sicherer Entfernung.

Die Ausrüstung an Bord umfasst meist ein Radar mit synthetischer Apertur, Systeme für Fernmeldeaufklärung, elektronische Unterstützungsmaßnahmen und elektronische Nachrichtengewinnung, ein Radar für die Seefernaufklärung sowie weitere einsatzrelevante Nutzlast.

Eine russische Version der Searcher, die Forpost-R, kam im Jahr 2022 während des Kriegs in der Ukraine zum Einsatz. Darüber hinaus wird die Searcher unter anderem auch von Streitkräften in Indien, Thailand, Südkorea, Spanien und in der Türkei eingesetzt.

▶ IAI RANGER

Die Ranger wurde von IAI in Zusammenarbeit mit RUAG für die Einsatzerfordernisse der Schweizer Streitkräfte entwickelt und verfügt über Konstruktionsmerkmale, die die Überlebensfähigkeit und optimale Effizienz unter extremen Wetterbedingungen sicherstellen. Sie wird mit einem hydraulischen Katapult gestartet und dank der Kufen kann sie auf improvisierten Landestreifen, ob auf Gras oder Schnee und Eis, sicher landen. Die Ranger ist sowohl bei der Schweizer Luftwaffe als auch bei den finnischen Streitkräften im Einsatz.

▶ BAYKAR BAYRAKTAR

Die Bayraktar ist das erste Drohnensystem der türkischen Firma Baykar und das erste fliegende System der türkischen Streitkräfte überhaupt, das auch in der Türkei

ELERON-3SW
Russische Soldaten starten eine Eleron-Drohne während einer Übung im Jahr 2015 in der Nähe von Bischkek. Die Drohne wurde während des Kriegs in der Ukraine von den russischen Streitkräften zur taktischen Aufklärung eingesetzt.

ENICS ELERON-3SW

Herkunftsland	Russland
Hersteller	ENICS
Betreiber	Russisches Heer
Erstflug	2005
Abmessungen	Länge 0,60 m Höhe k. A. Spannweite 1,47 m
Startgewicht max.	5,3 kg
Antrieb	Elektromotor
Höchstgeschwindigkeit	130 km/h
Reichweite/Flugdauer	70 km
Dienstgipfelhöhe	4.000 m (13.000 ft)
Bewaffnung	keine

gebaut wurde. Die kleine Drohne ist ein gut tragbares System für die Tag-/Nacht-Kurzstreckenaufklärung auf Truppebene. Rumpf und Flügel bestehen aus dem Verbundwerkstoff Kevlar und lassen sich einfach und rasch zusammenbauen und starten. Auch das Bodenkontrollsystem ist tragbar ausgelegt.

Die Drohne kann automatisch starten und landen und verfügt über ein Wegpunktnavigationssystem und automatisches Tracking, außerdem eine automatische Zielpunktverfolgung und ein digitales Kommunikationssystem. Verliert die Bayraktar den Kontakt zu ihrer Bodenkontrollstation, kehrt sie in den Heimatstützpunkt zurück und landet automatisch. Darüber hinaus gibt es ein automatisches Start- und Flugsystem. Unter dem Rumpf befindet sich eine kardanische Aufhängung. In der Regel landet die Drohne auf ihren Kufen, kann aber mit einem Fallschirm abgefangen werden. Es gibt drei Versionen, die Mini A, Mini B und Mini D. Die Mini D hat eine doppelt so hohe Funkreichweite wie die Vorgängermodelle und erreicht die dreifache Höhe.

▶ ENICS ELERON-3

Diese kleine Kurzstreckendrohne bietet Aufklärung und Überwachung für die Truppen an der Front. Sie kann autonome und fernbediente Einsätze fliegen, darunter Streifenflüge und gemeinsame Beobachtungseinsätze.

Bei Bedarf kann sie autonom fliegen, sie verfügt über GPS-Navigation und automatische Landefähigkeiten.

Die Nutzlast ist modular zusammenstellbar. Entweder führt sie ein Modul mit Infrarot- und Restlichtfernsehkamera oder eines mit Fernseh- und Wärmebildkamera mit sich. So kann sie den Bedienern am Boden Echtzeitinformationen über das Gefechtsfeld liefern. Die Eleron-3 hat einen Blended Wing Body (übergangslose Flügel-Rumpf-Verbindung). Ein Elektromotor hinten am Rumpf treibt einen Zweiblattpropeller an. Die Optik sitzt in einer kardanischen Aufhängung mit 360° und ist in alle Richtungen schwenkbar.

▶ ATHLON-AVIA A1-CM FURIA

Die A1-CM ist eine Nurflügeldrohne für die Luftaufklärung und die Ausrichtung der Artillerie. Sie wurde 2019/2020 offiziell bei den ukrainischen Streitkräften eingeführt. Seitdem sind über 100 Systeme zum Einsatz gekommen. Ein System besteht aus drei Drohnen mit Tag- und Nachtbildkameras. Die A1-CM kann entweder halbautomatisch gesteuert werden oder völlig autonom mit Hilfe der Kameras fliegen. Hierfür verfügt sie über ein automatisches Start- und Landesystem. Der Flugweg der Drohne kann vorab programmiert werden, lässt sich aber auch noch während des Fluges ändern. Sollte der Bediener die Verbindung zur Drohne verlieren, kann sie selbstständig zum Heimatstützpunkt zurückkehren.

ATHLON-AVIA A1-CM FURIA

Herkunftsland	Ukraine
Hersteller	Athlon-Avia
Betreiber	Ukrainische Streitkräfte
Erstflug	2014
Abmessungen	Länge 0,90 m Höhe k. A. Spannweite 2,00 m
Startgewicht max.	5,5 kg
Antrieb	Elektromotor
Höchstgeschwindigkeit	130 km/h
Reichweite/Flugdauer	200 km oder 3 Stunden
Dienstgipfelhöhe	k. A.
Bewaffnung	keine

A1-CM FURIA

Ein ukrainischer Soldat bereitet den Start einer Furia vor. Die Furia kam bei den ukrainischen Streitkräften im Kampf gegen die russische Invasion häufig zur Nachrichtengewinnung, Überwachung und Aufklärung zum Einsatz.

Die Furia kann über die Kameras gesteuert werden und lässt sich auch in das Feuerleitsystem der Artillerie einbinden. Ein Trägheitsnavigationssystem, Satellitennavigation und Navigationslichter an Bord gehören ebenfalls zur Ausstattung.

Die tragbare Bodenkontrollstation befindet sich in einem robusten, stoßfesten und wasserdichten Behälter. Sie verfügt über zwei HD-Monitore. Damit können zwei Bediener die Drohne und das mitgeführte Gerät komplett steuern.

▶ SPAITECH SPARROW LE

Die Sparrow LE ist eine Drohne für die Luftaufklärung auf Truppebene, die über eine Reichweite von bis zu 20 Kilometern verfügt. Sie ist ideal für die Einsätze der Spezialkräfte, für die Erkundung und Aufklärung, kann aber auch für Artilleriebeobachtung und Feuerleitung eingesetzt werden. Das ganze System, das heißt die Drohne selbst, die Bodenkontrollstation, die Antenne und das Startsystem, kann von einem Soldaten getragen werden. Nach der Rückkehr landet sie mittels eines Fallschirms im Heimatstützpunkt.

Es handelt sich um eine BWB-Konstruktion, also eine übergangslose Flügel-Rumpf-Verbindung. Unter dem Rumpf befindet sich eine kardanische Aufhängung mit einem Schwenkbereich von 360°. Der Motor vorn am Rumpf treibt einen Zweiblattpropeller an. Senkrechte Winglets am Ende der Hauptflügel verbessern den Treibstoffverbrauch und die Flugeigenschaften. Die Sparrow kann gleichermaßen über Land und über See eingesetzt werden und autonom fliegen. Ihre Kamerasysteme bieten Standbilder und Echtzeitvideos. Eingesetzt wurde sie von den ukrainischen Streitkräften im Jahr 2022 im Krieg gegen Russland.

▶ STC ORLAN-10

Die Orlan-10 ist eine Drohne mittlerer Reichweite für die Luftaufklärung, Beobachtung, Überwachung, das 3D-Mapping, Such- und Rettungseinsätze und viele andere Rollen. Sie wird seit 2010 gebaut und kam seitdem in

FEUERLEITUNG DURCH RUSSISCHE DROHNEN

Mittlere russische Drohnen wie die Orlan-10 und die Granat-4 werden vom russischen Heer für die Artillerieaufklärung eingesetzt. Diese Drohnen haben sich in der Rolle des Artilleriebeobachters bewährt und kommen in der Drohnenbrigade in den Zügen mit Klein- und Kurzstreckendrohnen zum Einsatz. Die Bediener dieser Drohnen stellen die Koordinaten des Ziels fest und geben diese Informationen an die Artilleriebeobachter, die sie wiederum an das Feuerleitpersonal der Artillerie weiterleiten. Ist dies erfolgreich, liefern die Drohnen akkurate Zielkoordinaten in Echtzeit. Selbst die Gegner müssen die Effektivität der russischen Drohnen in dieser Rolle einräumen.

Während des Kriegs in der Ukraine wurden zahlreiche Orlan-10 und andere russische Drohnen gestört oder abgeschossen. Das nahm einen solchen Umfang an, dass die Fähigkeit der russischen Streitkräfte zur drohnenbasierten Aufklärung und Feuerleitung arg gelitten hat.

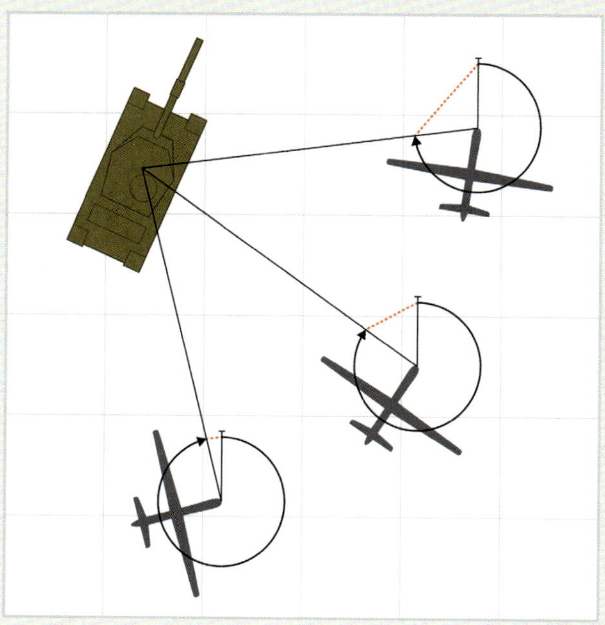

KOORDINATEN ERMITTELN
Drohnen können mehrere Richtungswinkel zu einem Ziel anlegen und dann mit Hilfe der Trigonometrie das zu beschießende Ziel exakt festlegen.

ORLAN-10
Eine Orlan-10 auf dem russischen Befehlsfahrzeug MP32M1 bei einer Vorführung in Chabarowsk im Jahr 2021. Die Orlan-10 ist eine einfache, aber sehr effektive Drohne, die von den russischen Streitkräften bei der Invasion der Ukraine eingesetzt wurde.

vielen Kriegsgebieten zum Einsatz, so auch in Armenien, Bergkarabach, Syrien, im Donbass und auch im Krieg gegen die Ukraine. Das Gesamtsystem der Orlan-10 umfasst zwei Drohnen, eine Bodenkontrollstation, ein tragbares Startsystem und diverse Ersatzteile. Die Bodenkontrollstation ist in einem Befehlsfahrzeug MP32M1 installiert und kommuniziert mit der Drohne über eine digitale Datenverbindung.

Die Orlan-10 ist ein modular aufgebauter Schulterdecker und verfügt über ein Höhenleitwerk mit einer senkrechten Flosse. Der Ottomotor befindet sich vorn am Rumpf und treibt einen Zweiblattpropeller an. Der Start erfolgt mit einem zusammenfaltbaren Katapult, gelandet wird mit Hilfe eines an Bord befindlichen Fallschirms. Zu den austauschbaren Nutzlasten zählen eine Tageslichtkamera, eine Wärmebildkamera, eine Videokamera

STC ORLAN-10

Herkunftsland	Russland
Hersteller	Special Technology Centre LLC in St. Petersburg
Betreiber	Russische Streitkräfte
Erstflug	2014
Abmessungen	Länge 2,00 m Höhe k. A. Spannweite 3,10 m
Startgewicht max.	14,0 kg
Antrieb	Ottomotor
Höchstgeschwindigkeit	150 km/h
Reichweite/Flugdauer	150 km
Dienstgipfelhöhe	5.000 m (16.400 ft)
Bewaffnung	keine

GRANAT-4
Die Granat-4 wird für die Aufklärung und die Fernmelde- und elektronische Aufklärung benutzt. Sie wird von einem Katapult mit Schienen gestartet.

IUS GRANAT-4

Herkunftsland	Russland
Hersteller	Izhmash Unmanned Systems
Betreiber	Russische Streitkräfte
Erstflug	k. A.
Abmessungen	Länge 2,40 m Höhe k. A. Spannweite 3,20 m
Startgewicht max.	30,0 kg
Antrieb	Kraftstoffmotor
Höchstgeschwindigkeit	145 km/h
Reichweite/Flugdauer	70 km
Dienstgipfelhöhe	3.505 m (11.500 ft)
Bewaffnung	keine

und ein Funksender in einer kreiselstabilisierten Kameragondel unter dem Rumpf. Standbilder und Videos werden in Echtzeit an die Bediener der Bodenkontrollstation übertragen.

Die Orlan-10 kann ihre Einsätze entweder autonom oder fernbedient fliegen. Eine aktuellere Version der Orlan-10 hat auch ein Laser-Zielmarkierungsgerät.

▶ CASISC SKY HAWK 1

Die kleinen Tarnkappendrohnen der Sky-Hawk-Serie, die von der Chinese Aerospace Science and Industry Corporation (CASISC) produziert werden, sind für die Aufklärung und Nachrichtengewinnung konzipiert. Die im Jahr 2018 vorgestellte Sky Hawk 1 ist eine Nurflügeldrohne, der hinten im Rumpf sitzende Motor treibt einen Druckpropeller an.

▶ CASISC SKY HAWK 3

Die Sky Hawk 3 hat zwei Heckausleger und einen Kolbenmotor mit einem Druckpropeller. Sie verfügt über ein umgekehrtes V-Leitwerk. Die Sky Hawk 3A ähnelt im Prinzip der Sky Hawk 3, hat aber ein Dreibeinfahrwerk für die Landung und ist etwas größer. Die Sky Hawk 3B hat trotz ihrer Bezeichnung keinerlei Ähnlichkeiten mit der 3A. Es handelt sich um eine aus der Hand gestartete Mikrodrohne, deren Elektromotor unter dem Flügel einen Zweiblattpropeller antreibt.

▶ IUS GRANAT-1

Die Granat-1 ist eine kleine Nurflügeldrohne, die leicht aus der Hand gestartet werden kann. Sie hat einen Zweiblattpropeller vorn am Rumpf.

▶ IUS GRANAT-2

Diese Variante ist größer als die Granat-1, kann aber dennoch aus der Hand gestartet werden. Sie hat einen ausgeprägteren Rumpf, gerade Flügel und abgeschrägte Höhenflossen an den Enden eines Heckauslegers.

▶ IUS GRANAT-4

Bei der Granat-4 handelt es sich um eine Drohne mit mittlerer Reichweite, deren Motor hinten am Rumpf einen Druckpropeller antreibt. Sie hat gerade Flügel, ein

WZ-8

Eine Überschall-Aufklärungsdrohne WZ-8 auf dem Tian'anmen-Platz in Peking. Sie fliegt mit Hyperschallgeschwindigkeit und wird zur Aufklärung, Nachrichtengewinnung und Zielbewertung eingesetzt.

Höhenleitwerk am Ende eines Heckauslegers und wird mit einem Katapult gestartet.

Das Gesamtsystem der Granat-4 besteht aus zwei Drohnen, verschiedenen Nutzlastmodulen, einer Lade- und Tankstation, einer Bodenkontrollstation auf dem Lkw KamAZ 7350, zwei Transportbehältern und einem zusammenlegbaren Katapult. Die Granat-4 dient der Aufklärung und Artilleriebeobachtung und verfügt über eine Reichweite von etwa 70 Kilometern. Die neueste Version kann Module für Fernmelde- und elektronische Aufklärung mitführen und damit den Funkverkehr überwachen, Signale empfangen und weiterleiten und als fliegende Relaisstation fungieren.

▶ AVIC WZ-8

Die WZ-8 ist eine Überschall-/Hyperschalldrohne, die in ihrer Konstruktion Ähnlichkeiten mit der Lockheed D-21 aufweist. Sie startet von einem Flugzeug und nutzt dann Raketenmotoren, um hohe Geschwindigkeiten und große Höhen zu erreichen. Sie kann in 15.240 Metern Höhe mit Hyperschallgeschwindigkeit fliegen. Ihre Aufgabe ist die allgemeine Aufklärung, Einschätzung der Kampfstärke und Beschaffung anderer kampfbezogener Nachrichten. Wenn Satellitenbilder beeinträchtigt sein sollten, kann sie Zielgebiete mehrfach überfliegen. Mit ihrem Dreibeinfahrwerk landet sie auf einer Landebahn.

AVIC WZ-8

Herkunftsland	China
Hersteller	Aviation Industry Corporation of China (AVIC)
Betreiber	Chinesische Streitkräfte
Erstflug	2019
Abmessungen	Länge 11,50 m Höhe 2,20 m Spannweite 6,70 m
Startgewicht max.	k. A.
Antrieb	2x Startraketen
Höchstgeschwindigkeit	5.310 km/h
Reichweite/Flugdauer	k. A.
Dienstgipfelhöhe	50.000 m (140.000 ft)
Bewaffnung	k. A.

MQ-9 REAPER
Eine MQ-9 Reaper des 432nd Wing/432nd Air Expeditionary Wing der US Air Force im September 2021 beim Start auf dem Luftwaffenstützpunkt Creech in Nevada.

KAPITEL 3: KAMPFDROHNEN

BAYRAKTAR TB2
Während der Übung Sea Breeze schieben ukrainische Soldaten eine Drohne Bayraktar TB2 auf dem Flugplatz Kulbakyne in Mykolajiw in der Südukraine.

Kampfdrohnen, die in den meisten Fällen auf bereits vorhandenen Aufklärungsdrohnen basieren, zählen zu den wichtigsten technischen Entwicklungen im modernen Luftkrieg. An der RQ-1 Predator von General Atomics lässt sich der Werdegang einer Kampfdrohne sehr gut nachvollziehen. Sie wurde zunächst als unbewaffnete Aufklärungsplattform konzipiert, später mit Flugkörpern ausgerüstet und in dieser neuen Rolle als MQ-1 Predator bezeichnet. Auf die Predator folgte die MQ-1 Reaper, die unter Beibehaltung ihrer Fähigkeiten zu Nachrichtengewinnung, Überwachung, Aufklärung und Zielerfassung gleichzeitig eine hoch entwickelte Kampfdrohne war.

Während die Predator und die Reaper Produkte einer Großmacht waren, hat Israel mit seinen Drohnen vom Typ Scout, Mastiff, Searcher und Hermes bewiesen, dass auch ein kleineres Land ganz allein äußerst effektive Drohnen für Aufklärungs- und Kampfeinsätze bauen kann. Auch die Türkei reihte sich unter die Produzenten ein und entwickelte einige der innovativsten Drohnen des 21. Jahrhunderts. Im Jahr 2014 brachte Baykar die Aufklärungs- und Kampfdrohne Bayraktar TB2, die eine große und überaus entscheidende Rolle in den letzten Konflikten gespielt hat, unter anderem in Libyen, Syrien, Bergkarabach und in der Ukraine.

PROTECTOR RG MK 1

Großbritannien hat einen Nachfolger für seine aktuelle Reaper-Flotte bestellt. Die neue Protector RG Mk 1 wird über eine verbesserte Nachrichtengewinnung, Überwachung, Zielerfassung und Aufklärung (ISTAR) verfügen. Dazu wird sie Technologie zum Erkennen und Ausweichen erhalten, damit sie auch in überfüllten Lufträumen operieren kann. Dank des automatischen Startens und Landens kann sie fast unbemerkt eingesetzt werden. Ihre bereits vorhandenen Aufklärungsfähigkeiten werden durch eine elektrooptische/Infrarotkamera mit hoher Auflösung weiter verbessert.

Der Krieg in der Ukraine

Der Krieg in der Ukraine hat die Wirksamkeit der Kampfdrohne unter Beweis gestellt. Sie kann erreichen, dass das Pendel zugunsten der militärisch schwächeren Seite ausschlägt. In den ersten Wochen des Kriegs erzielten die ukrainischen Drohnen vom Typ Bayraktar TB2 große Wirkung auf die russischen Truppen. Die russische Luftverteidigung brauchte viel Zeit, um sich auf die langsam und niedrig fliegenden Drohnen einzustellen und etliche von ihnen abzuschießen. Die Ukraine hat damit gezeigt, wie ein Land mit kleineren konventionellen Luftstreitkräften einen stärkeren Gegner treffen kann, ohne die eigenen bemannten Flugzeuge und ihre Piloten in Gefahr zu bringen. Dieser Punkt ist ganz entscheidend, denn inzwischen sind bemannte Kampfflugzeuge so teuer geworden, dass sich auch wohlhabende Nationen bei der Beschaffung zurückhalten. Kapitel 5 beschäftigt sich damit, wie Streitkräfte ihre zahlenmäßige Unterlegenheit mit Drohnen ausgleichen können.

Während die USA ihre Drohnentechnologie nur an ausgewählte Nationen exportieren (die Predator XP ist eine Drohne mit eingeschränkten Fähigkeiten für den Export), ist China deutlich großzügiger in der Auswahl seiner Kunden.

▶ GENERAL ATOMICS MQ-9 REAPER

Die MQ-9 Reaper ist eine Weiterentwicklung der MQ-1 Predator, unterscheidet sich aber so stark von ihr, dass man praktisch von einer neuen Drohne sprechen kann. Die MQ-9 ist wesentlich länger und schwerer als die Predator und kann das Fünfzehnfache an Kampfmitteln mitführen. Darüber hinaus ist sie dreimal so schnell. Die MQ-9 ist in erster Linie für Nachrichtengewinnungs-, Überwachungs- und Aufklärungseinsätze konzipiert, kann aber auch Luftnahunterstützungs-, Kampf- und Angriffseinsätze fliegen. Durch ihre enorme Bandbreite an Anwendungen eignet sie sich besonders für den Einsatz bei Spezialkräften. Auf gewisse Weise verkörpert die Reaper den Übergang von der Nutzung der Drohne für die Nachrichtengewinnung zu einer ausgeprägteren Hunter-Killer-Rolle.

Für diesen Zweck ist sie mit einer Reihe von Sensoren ausgerüstet, die auf dem Raytheon-AN/AAS-52-Multispektral-Zielsystem (MTS) basieren: Infrarotsensoren, eine Farb-/Schwarzweiß-Tageslichtkamera, eine TV-Kamera mit Bildverstärker, ein Laser-Zielmarkierungsgerät und ein Laser-Zielbeleuchter.

GENERAL ATOMICS MQ-9 REAPER

Herkunftsland	USA
Hersteller	General Atomics
Betreiber	US Air Force, US Special Operations Command, Royal Air Force, Spanien, Frankreich, Niederlande, Italien
Erstflug	2. Februar 2001
Abmessungen	Länge 11,00 m Höhe 3,81 m Spannweite 20,10 m
Startgewicht max.	4.760,0 kg
Antrieb	Turboprop-Motor Honeywell TPE-331-10G-D
Höchstgeschwindigkeit	482 km/h
Reichweite/Flugdauer	1.900 km
Dienstgipfelhöhe	15.420 m (50.000 ft)
Bewaffnung	4x AGM-114-Rakete oder 4x Hellfire-Rakete und 2x 230-kg-GBU-12-Paveway-II-Bombe, die 230-kg-GBU-38-Joint-Direct-Attack-Munition (JDAM) kann ebenfalls mitgeführt werden

MQ-9B REAPER

Eine Drohne MQ-9B Reaper von General Atomics wird im November 2019 auf dem Erprobungsplatz Yuma des US Army Test and Evaluation Command in Arizona überprüft. Die Reaper wurde bei der Übung der Marine Air Ground Task Force auf dem Marine Corps Air Ground Combat Center in Twentynine Palms, Kalifornien, zur Nachrichtengewinnung, Überwachung, Zielerfassung und Aufklärung eingesetzt.

PROBEFLUG
Eine MQ-9 Reaper auf einem Übungsflug über der Nevada Test and Training Range (Nellis) im Jahr 2019. Die Reaper führt zwei Flugkörper AGM-114 Hellfire mit, die Bodenziele präzise treffen können.

RQ-7 SHADOW
Ein Drohnenpilot des 1st Engineer Battalion, 1st Infantry Division, steuert während einer Überwachungsübung auf einem Flugplatz in Camp Trzebień eine Drohne RQ-7 Shadow.

Die sechs Unterflügelstationen der MQ-9 können mit den verschiedensten Waffen bestückt werden wie der lasergelenkten Bombe GBU-12 Paveway, den Luft-Boden-Raketen AGM-14 Hellfire II, der Kurzstreckenrakete AIM-9 Sidewinder oder der Joint Direct Attack Munition (gemeinsame Munition für direkten Angriff) GBU-38. Die Rüstsätze und Waffen lassen sich an die speziellen Einsatzerfordernisse anpassen. Die Reaper wird von einer Flugbesatzung gesteuert, zu der ein qualifizierter Pilot der US Air Force, ein Sensorbediener sowie ein Einsatznachrichtenkoordinator gehören.

Forderungen für Spezialeinsätze

Das US Air Force Special Operations Command stellte die Forderung, dass die Reaper für Spezialeinsätze in weniger als acht Stunden transportfertig sein musste, um an Bord einer C-17 Globemaster III an jeden Ort der Welt geflogen werden zu können. Ausgepackt musste sie ohne spezielle Infrastruktur sofort einsatzbereit sein. Eine Version mit verlängerter Reichweite (ER) hat Flügel mit größerer Spannweite und Störklappen, einen Vierblattpropeller, ein robusteres Fahrwerk und Außentanks. Dazu ist das Treibstoff-Managementsystem verbessert worden.

Die MQ-9A Reaper wird von diversen Geschwadern der US Air Force im Air Combat Command eingesetzt. Auch vom US Air Force Special Operations Command wird sie genutzt. In unterschiedlichen Konfigurationen betreiben weitere Nationen wie Frankreich, Spanien, Italien, die Niederlande und Großbritannien die Reaper.

Da sich die Sicherheitslage verschärft hat, Drohnen sich rasch in aller Welt verbreiten und Bedrohungen von Großmächten wie Russland und China ausgehen, ist die MQ-9 Reaper immer wieder auf den aktuellen Stand der Konkurrenz gebracht worden. Unter anderem erhielt sie verbesserte Sensoren und einen Schutz gegen die Störung der Steuerung. Dank ihrer offenen Architektur kann die Reaper entsprechend der Bedrohung rasch auf neue Nutzlasten eingestellt werden. Die aktuelle Version hat auch eine größere Auswahl bei der Bewaffnung. Eine Gondel für Abwehrmaßnahmen schützt die Reaper gegen Angriffe durch Boden-Luft-Raketen.

▶ AAI RQ-7 SHADOW

Die RQ-7 Shadow ist eine unbewaffnete und taktische Drohne, die verschiedene Forderungen auf der Ebene des Brigade Combat Team (Kampfbrigade) erfüllt. Hierzu zählen unter anderem Aufklärung und Überwachung sowie Zielerfassung und der Schutz der eigenen Truppe. Sie ist mit einer Reihe von Radar- und Bodenkontrollsystemen kompatibel.

Die Shadow entstand aufgrund einer Forderung der US Army nach einem unbemannten Luftsystem für das Gefechtsfeld und wurde 2002 eingeführt. Der Flugkörper ist ein konventioneller Eindecker mit starren Flügeln und Heckflossen in der Form eines umgekehrten V am Ende zweier röhrenförmiger Ausleger. Der Druckpropeller sitzt hinten am Rumpf. Unter dem Rumpf befindet sich eine elektrooptische/Infrarotkamera in einer kardanischen Aufhängung mit einem Echtzeitrelais. Die Kamera verfügt über eine digitale Stabilisierung.

Eine überarbeitete Version namens RQ-7B hat einen geänderten Flügel und ist länger als der Vorgänger. Durch die effektivere Nutzung des Treibstoffs ist auch die Reichweite größer geworden. Aufgrund der im Irak aufgetretenen Antriebsprobleme wurde ein verbesserter Einspritzmotor mit Doppelzündung installiert, der Hitze und Staub besser widersteht. Dazu verfügen die neuen Flügel über Befestigungspunkte für Munition.

AAI RQ-7B SHADOW

Herkunftsland	USA
Hersteller	AAI Corporation
Betreiber	US Army, US Special Operations Command, US Marine Corps
Erstflug	1991
Abmessungen	Länge 3,41 m Höhe 1,00 m Spannweite 3,90 m
Startgewicht max.	75,0 kg
Antrieb	Wankelmotor
Höchstgeschwindigkeit	207 km/h
Reichweite/Flugdauer	110 km
Dienstgipfelhöhe	4.620 m (14.983 ft)
Bewaffnung	keine

Das Shadow-System besteht aus vier Drohnen, zwei universellen Bodenkontrollstationen auf hoch mobilen Mehrzweckfahrzeugen (HMMMV), vier Remote-Videoterminals für das One System, einem hydraulischen

RQ-7B SHADOW
Eine Drohne RQ-7B Shadow vom Marine Unmanned Aerial Vehicle Squadron 3 des US Marine Corps im Jahr 2011 bei einem Katapultstart im Camp Leatherneck in der Provinz Helmand, Afghanistan.

Startgerät, zwei Bodendatenterminals sowie diversen Lkw, Anhängern und Unterstützungsgerät. Betrieben wird das System von einer Shadow-Einheit mit zwölf Drohnenführern, vier Servicetechnikern für die elektronische Kriegsführung und drei Triebwerksmechanikern.

Die Shadow kann nicht nur Informationen an die Kampfbrigade weiterleiten, sie kann auch zusammen mit bemannten Luftfahrzeugen wie dem AH-64 Apache für die vorgeschobene Erkundung eingesetzt werden und hilft so, die Gefährdung des bemannten Luftfahrzeugs zu reduzieren.

Die Shadow-Systeme kamen in Afghanistan und im Irak häufig zum Einsatz. Im März 2019 formulierte die US Army die Forderungen für einen Nachfolger der RQ-7B Shadow.

GENERAL ATOMICS MQ-1 PREDATOR

Die MQ-1 Predator zählt zu den wichtigsten Drohnen überhaupt und hat sich in vielen Konflikten und Kriegen in aller Welt bewährt. Sie wurde bereits in den 1990er-Jahren für Langzeit-Luftaufklärung und Spähertruppen entwickelt. Rasch wurde sie auch bewaffnet und spielte eine wichtige Rolle bei präzisen Angriffen auf wichtige Ziele. Aber die Predator war nicht nur selbst erfolgreich, sie bildete die Grundlage für die nächste Generation bewaffneter und unbewaffneter Drohnen wie die Gray Eagle und die Reaper.

Die Predator hat eine große Wölbung am Bug, gerade Flügel am Rumpf und umgekehrte Stabilisierungsflossen und Höhenleitwerke, die auf beiden Seiten am Heck um etwa 45° nach unten zeigen. Ein Rotax-Motor treibt den

GENERAL ATOMICS MQ-1B PREDATOR

Herkunftsland	USA
Hersteller	General Atomics
Betreiber	US Air Force Special Operations Command
Erstflug	1994
Abmessungen	Länge 8,23 m Höhe 2,10 m Spannweite 14,84 m
Startgewicht max.	1.020,0 kg
Antrieb	Vierzylindermotor Rotax 91-4F
Höchstgeschwindigkeit	222 km/h
Reichweite/Flugdauer	3.700 km
Dienstgipfelhöhe	7.620 m (25.000 ft)
Bewaffnung	AGM-114-Hellfire-Raketen

MQ-1 PREDATOR
Eine MQ-1 Predator des 163rd Reconnaissance Wing im Januar 2012 beim Flug über dem Southern California Logistics Airport (Victorville Airport). Die Predator ist eine revolutionäre Aufklärungs- und Angriffsdrohne.

am Heck befindlichen Druckpropeller an. Unter beiden Flügeln gibt es Befestigungspunkte für Munition. Das einziehbare Fahrwerk besteht aus einem Bugrad und zwei weiteren Rädern an langen Fahrwerksstreben unter den Flügeln. Die Drohne verfügt über ein multispektrales Zielerfassungssystem mit Infrarotsensor, Wärmebildkamera, Farb-/Schwarzweiß-Tageslichtkamera, Laser-Zielmarkierungsgerät und Laserbeleuchter.

Sie wurde als Gesamtsystem entwickelt, bestehend aus vier Drohnen mit Sensoren und Waffen, einer Bodenkontrollstation, einer primären Satellitenverbindung und Ersatzteilen. Die Predator kann zerlegt und in einen Behälter verladen werden, in dem sie zum Einsatzort transportiert wird. Die Bodenkontrollstation kann auch in einer C-130 Hercules mitgeführt werden.

Das Konzept von Remote-Split-Operationen bedeutet, dass ein kleines Team mit dem Predator-System in das Einsatzgebiet fliegt, um die notwendigen Vorbereitungen für Start, Landung und Wartung zu treffen, während die Steuerung des Einsatzes selbst von einem Team in den USA vorgenommen wird, sobald die Drohne sich in der Luft befindet. Betrieben wurde die Predator vom 11th und 15th Reconnaissance Squadron. Sie kam bereits in vielen Konfliktgebieten zum Einsatz, unter anderem in Bosnien, Afghanistan, Pakistan, Syrien, Somalia, Libyen, im Irak und auf den Philippinen. Die Predator war auch an den Angriffen auf Kämpfer der Al-Qaida beteiligt und wurde am 4. März 2002 eingesetzt, um während der Schlacht von Takur Ghar einen von Aufständischen besetzten Bunker auszuschalten. Sie mussten dort eingreifen, weil

MQ-1B PREDATOR

Ein Dedicated Crew Chief (Besatzungsleiter) bereitet im Mai 2013 eine MQ-1B Predator auf einen Übungseinsatz vor. Diese Predator der US Air Force verfügt über Luft-Boden-Raketen AGM-114 Hellfire.

ein Hubschrauber der US Army Rangers nach einem Treffer abgestürzt war und die Besatzung unter Beschuss stand. Im Jahr 2014 wurden Predator-Drohnen in den Irak abkommandiert, um Kämpfer des Islamischen Staats im Irak und der Levante anzugreifen.

Die Predator MQ-1 war in vielerlei Hinsicht eine Pionierin der Drohnentechnologie. Erfahrungen aus Abstürzen und anderen Einsatzsituationen führten zu Verbesserungen wie einem Enteisungssystem, längeren Flügeln und einem robusteren Motor mit Turboaufladung und Benzineinspritzung. Die überarbeitete Version flog unter der Bezeichnung MQ-1B. Die Predator wurde häufig beim US Air Force Special Operations Command eingesetzt.

Das 3rd Special Operations Squadron war das größte Predator-Geschwader der US Air Force. Mit der Predator hatte das Geschwader eine mittlere Drohne mit hoher Ausdauer, die bei Bedarf Munition für Präzisionsschläge mitführen konnte. Die Erkenntnisse aus dem Betrieb der Predator wurden konsolidiert und für die Nachfolgemodelle Gray Eagle und Reaper weiterentwickelt.

▶ GENERAL ATOMICS PREDATOR XP

Die Predator XP ist eine verbesserte Version des ersten Predator-Modells mit den neuesten Technologien. Die US-Regierung gestattet sogar den Export in viele Länder im Nahen Osten, in Nordafrika und Südamerika. Die XP verfügt über ein automatisches Start- und Landesystem, Optionen für mehrere Sensoren für Operationen mit Datensichtverbindungen und solche außerhalb der Sichtlinie. Dazu hat sie eine MTI-Zielerfassung zur Ortung fahrender Fahrzeuge und ist sowohl für Landoperationen als auch für Seeoperationen geeignet. Für Einsätze auf hoher See verfügt die XP über Weitbereichssuche auf See (MWAS) und ein automatisches Identifikationssystem für Schiffe auf See.

DIE PREDATOR IM FLUG

Die Weiterentwicklung der RQ-1 Predator zur bewaffneten MQ-1 war einer der entscheidenden Schritte auf dem Weg zur Kampfdrohne. Schon vor dem Angriff auf die Vereinigten Staaten am 11. September 2001 wurde die RQ-1 Predator in Afghanistan eingesetzt, um Osama bin Laden zu jagen. Im Rahmen der Operation Afghan Eyes, die auf höchster Ebene vom US-Verteidigungsministerium und der CIA genehmigt wurde, flog die Predator ab dem 7. September 2000 über Afghanistan. Die führenden Köpfe der Streitkräfte und der CIA waren begeistert von der Qualität der Bilder, die die Predator lieferte. Es gab auch ein Bild von einem großen Mann in einem langen Gewand, auf den die Beschreibung von bin Laden passte. Dabei kam die logische Idee auf, dass, wenn man Personen wie bin Laden aus der Höhe identifizieren kann, der nächste Schritt daraus bestehen sollte, die Predator mit Waffen auszurüsten. Im Februar 2001 erhielten die Predator Flugkörper AGM-114C Hellfire für Erprobungen. Die bewaffnete Predator erhielt nun die Bezeichnung MQ-1. Im Juni desselben Jahres feuerte eine Predator Hellfire-Flugkörper auf eine Attrappe von bin Ladens Lager in Tarnak ab und bewies, dass so ein Angriff erfolgreich sein könnte. Die Flüge wurden im September fortgesetzt, als noch niemand ahnte, was bald geschehen würde. Die Ereignisse vom 11. September 2001 haben die Welt verändert, aber auch ein neues Kapitel im Luftkrieg eingeläutet.

BEWAFFNETE AUFKLÄRUNG

Die Hauptaufgabe der MQ-1 Predator besteht in der Abriegelung aus der Luft und der bewaffneten Aufklärung wichtiger kurzfristiger Ziele. Wenn die MQ-1 ihrer Hauptaufgabe nicht nachgeht, bietet sie dem Joint Forces Commander Aufklärung, Überwachung und Zielerfassung.

PREDATOR XP
Die für ihre schnelle Einsatzbereitschaft bekannte Predator XP ist mit den neuesten Technologien ausgerüstet, die ihre beachtlichen Fähigkeiten noch weiter verbessern.

▶ GENERAL ATOMICS PREDATOR C AVENGER

Die Kampfdrohne Avenger besitzt ein Mantelstromtriebwerk und ist auf Langzeiteinsätze in mittlerer bis großer Höhe spezialisiert, einschließlich Angriffseinsätzen über Land und See und Weitbereichsüberwachung. Laut den Behauptungen des Herstellers fliegt sie wesentlich schneller als die Predator B und kann somit rascher reagieren und sich in Stellung bringen. Nach diversen Erprobungen kam die US Air Force jedoch zu dem Schluss, dass die Vorteile gegenüber der Predator B nicht so groß seien, dass eine größere Bestellung gerechtfertigt wäre.

Die Predator C hat mehrere Befestigungspunkte für Munition und dazu einen inneren Waffenschacht für Präzisionsmunition oder zusätzliche Sensoren. Sie kann Langstreckensensoren nutzen, um in einer Position auf Abstand außerhalb der Reichweite der gegnerischen Boden-Luft-Raketen zu bleiben. Die 2016 erschienene Avenger ER erreicht mit einer Spannweite von über 23 Metern eine beeindruckende Einsatzdauer von mehr als 20 Stunden.

GENERAL ATOMICS PREDATOR C AVENGER

Herkunftsland	USA
Hersteller	General Atomics
Betreiber	k. A.
Erstflug	2009/2016 (ER)
Abmessungen	Länge 13,41 m Höhe k. A. Spannweite 20,11 m
Startgewicht max.	8.255,0 kg
Antrieb	Mantelstromtriebwerk Pratt & Whitney PW545B
Höchstgeschwindigkeit	740 km/h
Reichweite/Flugdauer	18 Stunden
Dienstgipfelhöhe	15.240 m (30.000 ft)
Bewaffnung	keine

PREDATOR C AVENGER
Die Kampfdrohne basiert auf der MQ-9 Reaper und verfügt als erstes Modell der Predator-Familie über ein Mantelstromtriebwerk.

▶ EURODRONE (EUROPEAN MALE RPAS)

Das Projekt Eurodrone wurde im Jahr 2015 initiiert, um eine ausdauernde europäische Drohne zur Nachrichtengewinnung, Überwachung und Aufklärung sowie einer Luftnahunterstützung mit präzisionsgelenkten Waffen zu schaffen. Dabei sollten die Drohne und die Systeme ausschließlich in Europa gefertigt werden. Mit der Entwicklung wurden Airbus Deutschland, Dassault Aviation aus Frankreich, Leonardo aus Italien und Airbus Spanien beauftragt. Eine Attrappe in Lebensgröße wurde 2018 auf der ILA in Berlin vorgestellt. Die Drohne hat einen schlanken Rumpf mit einem erhöhten Bugabschnitt, sodass sie auf den ersten Blick wie ein konventionelles Flugzeug aussieht. Die Flügel sitzen in der Mitte des Rumpfes, und eine Heckflosse sowie zwei waagerechte Höhenleitwerke unterstützen die beiden Turboprop-Motoren. Diese treiben zwei nach hinten gerichtete Druckpropeller an.

Die Eurodrone ist modular aufgebaut und daher für die verschiedensten Einsätze geeignet, unter anderem

EURODRONE

Herkunftsland	Deutschland, Spanien, Frankreich und Italien
Hersteller	Airbus Deutschland, Airbus Spanien, Dassault Aviation, Leonardo, Avio Aero
Betreiber	Streitkräfte der Länder Deutschland, Spanien, Frankreich und Italien
Erstflug	2026 (geplant)
Abmessungen	Länge 16,00 m Höhe k. A. Spannweite 30,00 m
Startgewicht max.	11.000 kg
Antrieb	2 Turboprop-Motoren Avio Aero Catalyst
Höchstgeschwindigkeit	500 km/h
Reichweite/Flugdauer	bis zu 40 Stunden
Dienstgipfelhöhe	13.700 m (44.900 ft)
Bewaffnung	Präzisionsgelenkte Waffen

EURODRONE
Eine Eurodrone bei der Luftfahrtmesse ILA Berlin im Juni 2022.

Nachrichtengewinnung, Überwachung und Aufklärung sowie Zielerfassung und bewaffnete Operationen. Das Gesamtsystem umfasst drei Drohnen und zwei Bodenstationen. Eine Drohne soll in der Luft sein, eine sich auf den Start vorbereiten und die dritte in der Wartung sein.

Jede der teilnehmenden Nationen ist für Teile der Drohne, der Avionik und der Kommunikationssysteme zuständig. Airbus Deutschland als Hauptauftragnehmer ist für die Flugmanagementsysteme, die Integration des Drohnenverkehrs in den Luftraum, das Fahrwerk und die Bodenkontrollstationen zuständig. Airbus Spanien kümmert sich um den Rumpf und die Flugsteuerung, die Treibstoffsysteme und die taktische Kommunikation. Dassault Aviation übernimmt Flug- und Landesysteme. Leonardo entwickelt die Flügel und die Einsatzsysteme. Die Eurodrone wird über fünf Stationen für Waffen, zusätzliche Treibstofftanks und anderes, für den Einsatz erforderliches Gerät verfügen. Die Motoren kommen von Avio Aero aus Italien, einer Tochterfirma von General Electric.

FALCO EVO

Eine Falco Evo bei der Luftfahrtschau in Dubai 2017. Die Bugabdeckung wurde entfernt, um das Satellitenkommunikationssystem zu zeigen.

▶ LEONARDO FALCO EVO

Die Falco Evo von Leonardo ist eine vergrößerte Version der ursprünglichen Falco-Drohne, die an Länder wie Pakistan verkauft wurde. Wie ihre Vorgängerin ist die Drohne hauptsächlich für die militärische Überwachung konzipiert, obwohl sie auch für viele Aufgaben der Heimatverteidigung zu gebrauchen ist.

Die Falco Evo hat große Ausdauer und kann daher eine durchgehende Überwachung für taktische Zwecke gewährleisten. Sie kann bei jedem Wetter fliegen. Mit ihren multispektralen Überwachungsfähigkeiten kann sie eine Zielerfassung auf Abstand in Echtzeit bieten, ganz gleich ob über Land oder über See.

Die Auslieferung erfolgt als komplettes System. Dazu gehören eine Bodenkontrollstation, ein Bodendatenterminal und drei Drohnen, die je nach Erfordernissen des Käufers mit verschiedenem Gerät bestückt werden können. Die Nutzlast umfasst einen elektrooptischen/Infrarot-Laser-Entfernungsmesser/Laser-Zielmarkierer, ein Radar mit synthetischer Apertur, hyperspektrale Sensoren, Fernmeldeaufklärung, passives und aktives Gerät für elektronische Kriegsführung und Satellitenkommunikation. Als optionales Gerät können Leonardo-Sensoren der neuen Generation verbaut werden wie das Multimode-Radar Gabbiano 20, das aktive Phased-Array-Radar (AESA) und das Osprey-Multimode-AESA-Radar oder auch Sensorsuiten von Drittanbietern auf

LEONARDO FALCO EVO

Herkunftsland	Italien
Hersteller	Leonardo
Betreiber	k. A.
Erstflug	2012
Abmessungen	Länge 6,20 m Höhe 2,50 m Spannweite 12,50 m
Startgewicht max.	650,0 kg
Antrieb	Schwerölmotor
Höchstgeschwindigkeit	216 km/h
Reichweite/Flugdauer	über 20 Stunden
Dienstgipfelhöhe	6.000 m (19.700 ft)
Bewaffnung	keine

Anforderung der Bediener. Die Evo ist mit unterstütztem und automatischem Flugmanagement, automatischem Starten und Landen und automatisierter Gebietsüberwachung ausgestattet. So kann sie eine bereits vorab programmierte Route abfliegen, wobei der Bediener bei Bedarf manuell eingreifen kann. Sie kann auch genutzt werden, kleine Einheiten an der Front mit Echtzeitdaten zu versorgen.

SAFRAN PATROLLER

Die Drohne Patroller für mittlere Flughöhen und große Ausdauer wurde von der französischen Firma Safran in Zusammenarbeit mit Stemme für die französischen Streitkräfte entwickelt. Der erste Flug erfolgte 2009 in Finnland, und sie wurde noch im selben Jahr auf der Pariser Luftfahrtschau vorgestellt. Die Patroller basiert auf dem Motorsegler Stemme S-15 und verfügt über einen robusten Rumpf.

Der Motor sitzt vorn und treibt den Bugpropeller an. Der Schulterdecker hat Befestigungspunkte unter den Flügeln für Außenlasten, auf Wunsch auch Waffen. Er hat ein traditionelles T-Leitwerk am Ende des schlanken, libellenförmigen Hecks. Der Propeller wird mit einem Rotax-Motor angetrieben. Für die Landung gibt es ein einziehbares Dreibeinfahrwerk. Für unterschiedliche Einsatzanforderungen wurden drei Varianten gebaut. Die Patroller-R dient in erster Linie der Nachrichtengewinnung, Überwachung, Zielerfassung, Aufklärung und Gefechtsschadensbewertung. Zusätzliche Treibstofftanks können an den beiden Befestigungspunkten unter den Flügeln montiert werden. Die Patroller-S übernimmt die Überwachung aus der Luft. Hierzu zählen Grenz- und Küstenüberwachung, Such- und Rettungseinsätze sowie Polizeieinsätze. Dazu verfügt sie über ein luftgestütztes

SAFRAN PATROLLER

Herkunftsland	Frankreich
Hersteller	Safran S.A.
Betreiber	Französische Streitkräfte
Erstflug	2009
Abmessungen	Länge 8,52 m Höhe 2,45 m Spannweite 18,00 m
Startgewicht max.	1.100,0 kg
Antrieb	Turbomotor Rotax 114 F2
Höchstgeschwindigkeit	314 km/h
Reichweite/Flugdauer	30 Stunden
Dienstgipfelhöhe	7.620 m (25.000 ft)
Bewaffnung	Flugkörper AGM-114 Hellfire, lasergelenkte Raketen

PATROLLER

Das Logo auf dem Rumpf der Patroller-Drohne weist auf den Hersteller Safran S.A. hin, gesehen am zweiten Tag der Pariser Luftfahrtschau im Juni 2013.

Überwachungsradar. Die Patroller-M für Seeoperationen wird bei der französischen Marine eingesetzt. Sie hat ein Radar für die Seefernaufklärung.

Die Patroller hat geringe Radar-, Wärme- und Schallsignaturen und einen leise laufenden Motor. Sie besitzt ein automatisches Start- und Landesystem, das sie auch sicher wieder in den Heimatstützpunkt führt, wenn die Verbindung zum Bodenkontrollsystem abgerissen ist.

Außerdem ist die Patroller mit GPS-Navigation, Trägheitsnavigation, einer elektrooptischen Farbkamera mit hoher Auflösung, einer Triplex-Flugsteuerung und einem Laser-Telemetriesystem ausgestattet, ebenso wie mit elektrooptischen/Infrarot-Sensoren Eurofit 410. Sie hat zudem einen Transponder für die Freund-Feind-Kennung und ein Laser-Zielmarkierungsgerät.

Das Radar mit synthetischer Apertur liefert digitale Geländeerhebungsdaten. Die Bestückung der Patroller kann wahlweise mit den Luft-Boden-Raketen Lockheed Martin AGM-114 Hellfire oder aber mit lasergelenkten Raketen erfolgen.

▶ BAYKAR BAYRAKTAR TB2

Die Bayraktar TB2 ist eine Kampfdrohne für mittlere Flughöhen und große Ausdauer. Sie eignet sich sowohl für Nachrichtengewinnungs-, Überwachungs- und Aufklärungseinsätze als auch für bewaffnete Angriffe und zählt zu den wichtigsten und erfolgreichsten Drohnen ihrer Art. Die TB2 hat einen Blended Wing Body (übergangslose Flügel-Rumpf-Verbindung) und ein Leitwerk in Form eines umgekehrten V. Der Ottomotor befindet sich hinten am Rumpf und treibt einen verstellbaren Zweiblatt-Druckpropeller an. Das optische Gerät sitzt in einer kreiselstabilisierten kardanischen Aufhängung unter dem Rumpf. Die zwei Befestigungspunkte unter jedem Flügel können insgesamt vier präzisionsgelenkte Raketen oder Mini-Bomben aufnehmen. Die Drohne ist modular aufgebaut. Tragflächen und Leitwerk können als Einheiten abgenommen werden. Rumpf und Flügel sind meist aus einem Kohlefaser-Verbundwerkstoff gefertigt.

Das TB2-System besteht aus sechs Drohnen, zwei Bodenkontrollstationen, drei Bodendatenterminals, zwei abgesetzten Videoterminals und Bodenunterstützungsgerät. Eine mobile Bodenkontrollstation kann auf einem Lkw an die Vorderfront gebracht werden. Entsprechend dem NATO-Shelterstandard ACE III verfügt der Schutzraum dieser Station über Klimaanlage und ABC-Schutz.

Zum Einsatz kam die TB2 bislang bei innertürkischen Konflikten sowie in Libyen, Bergkarabach und in der Ukraine. In all diesen Konflikten erwies sich die TB2 als sehr erfolgreich. Sie konnte Panzer, Mehrfachraketenwerfer, Batterien von Boden-Luft-Raketen und andere Kampfmittel zerstören. Eine verbesserte Version, die TB2S, hat ein Satellitenkommunikationssystem, das nicht so leicht vom Feind gestört werden kann.

BAYKAR BAYRAKTAR TB2

Herkunftsland	Türkei
Hersteller	Baykar
Betreiber	Türkei, Ukraine, Aserbaidschan, Pakistan
Erstflug	29. April 2014
Abmessungen	Länge 6,50 m Höhe k. A. Spannweite 12,00 m
Startgewicht max.	700,0 kg
Antrieb	Ottomotor Rotax 912-iS
Höchstgeschwindigkeit	220 km/h
Reichweite/Flugdauer	27 Stunden
Dienstgipfelhöhe	7.620 m (25.000 ft)
Bewaffnung	Präzisionsgelenkte Waffen

BAYRAKTAR TB2
Die Bayraktar BT2 eignet sich sowohl für Überwachungs- und Aufklärungseinsätze als auch für bewaffnete Operationen.

ANGRIFF AUF DIE SCHLANGENINSEL

In den ersten Kriegsmonaten erzielten die ukrainischen Bayraktar TB2 bedeutende Erfolge gegen russische Panzer, Panzerkampfwagen und selbstfahrende Geschütze. Die ukrainische Marine setzte sie ebenso effektiv für Schläge gegen russische Schiffe im Schwarzen Meer und in der Nähe des Hafens von Odessa ein, genauso auch bei der Schlangeninsel in der Donaumündung. Die ukrainische Marine hat eine fortschrittlichere Version der Bayraktar TB2 als die ukrainische Luftwaffe. Sie ist auf den ersten Blick an ihrem dreiflügeligen Propeller zu erkennen. An Bord hat sie eine modernere Infrarotkamera für Nachtoperationen sowie eine GPS-ONSS-Anti-Jammer-Antenne zum Schutz vor Störsendern. Bewaffnet ist die TB2 entweder mit einer ultraleichten, lasergelenkten Bombe MAM-C oder der größeren und stärkeren MAM-L.
Bei den Operationen über der Schlangeninsel flog die Bayraktar TB2 mehrere erfolgreiche Angriffe gegen das russische Militär. Am 2. Mai 2022 griffen TB2 der ukrainischen Marine zwei russische Raptor-Patrouillenboote an und zerstörten sie. Am 6. Mai zerstörten die TB2 ein russisches SA-15-Flugabwehrraketen-System, sodass die Suchoi SU-27 Flanker der ukrainischen Luftwaffe russische Stellungen auf der Insel angreifen konnten. Daraufhin versuchten die russischen Streitkräfte, ein neues SA-15-System auf einem Versorgungsschiff anzuliefern. Dieses wurde beim Abladen ebenfalls von einer TB2 zerstört. Am 8. Mai versuchten russische Kräfte, Verstärkungstruppen per Hubschrauber einzufliegen. Eine TB2 zerstörte den Hubschrauber vom Typ Mi-8HIP, während die Soldaten von Bord gingen. Gleichzeitig wurden zwei weitere russische Sturmboote durch TB2-Angriffe zerstört. Die Zerstörung der Flugabwehrsysteme durch die TB2 zeigte, wie schwierig es ist, mit der klassischen radargelenkten Flugabwehr die kleinen, niedrig fliegenden Drohnen zu treffen.

KAMPFERPROBUNG
Drohnen vom Typ Bayraktar TB2 im März 2019 bei Probeflügen auf dem Stützpunkt Chmelnyzkyj in der Ukraine.

SOKIL-300

Die schwere Langstrecken-Angriffsdrohne Sokil-300 der ukrainischen Firma Konstruktionsbüro Luch bei der internationalen Ausstellung Arms and Security in Kiew im Jahr 2021.

▶ LUCH SOKIL-300

Die Sokil-300 ist eine Kampfdrohne, die sowohl Nachrichtengewinnungs-, Überwachungs- und Aufklärungseinsätze als auch Kampfeinsätze durchführen kann. Sie hat gerade Flügel und abgeschrägte Heckflügel oben auf dem Rumpf sowie eine Flosse unter dem Rumpf. Der Druckpropeller wird vom hinten sitzenden Motor angetrieben. In einer kardanischen Aufhängung unter dem Bug befinden sich Kameras und Sensoren. An den vier Befestigungspunkten unter den Flügeln können Lenkflugkörper angebracht werden.

▶ ANTONOW HORLYTSIA

Die Antonow Horlytsia ist die erste Kampfdrohne, die in der Ukraine gebaut wurde und soll die von der Ukraine betriebene Flotte der Bayraktar TB 2 ergänzen. Sie eignet sich für die visuelle elektrooptische Luftaufklärung, Kommunikationsunterstützung, Zielerfassung, MTI-Zielerfassung und -verfolgung und auch für direkte Angriffe. Das System umfasst insgesamt vier Drohnen mit einer Bodenkontrollstation, Transportgerät und Ersatzteile.

Der Schulterdecker hat einen röhrenförmigen Rumpf und ein starres Dreibeinfahrwerk. Die beiden Ausleger

AN-BK-1 HORLYTSIA
Die Drohne AN-BK-1 Horlytsia (Turteltaube) wurde vom Staatsunternehmen Antonow in Kiew für die ukrainischen Streitkräfte entwickelt.

am Heck sind durch zwei nach innen geneigte Heckflossen verbunden, der Motor befindet sich hinten am Rumpf. Die Horlytsia verfügt über elektrooptische/Infrarot-Sensoren mit automatischer Zielerfassung und Visierung. Ein Befestigungspunkt unter jedem Flügel dient zur Anbringung von Munition.

▶ KRONSTADT ORION-E/INOKHODETS

Die Orion, eine Drohne für mittlere Flughöhen und mit großer Ausdauer, wurde vor allem in einer Aufklärungs- und Exportversion (Orion-E), aber auch in einer Kampfversion (Orion Inokhodets) für russische Streitkräfte gebaut. Die Konstruktion der Orion ist ähnlich wie die der amerikanischen Predator. Sie hat einen schlanken Rumpf mit geraden Flügeln und abgeschrägtem Leitwerk. Der Motor befindet sich hinten und treibt einen Druckpropeller an. Die bewaffnete Version hat zwei Befestigungspunkte unter jedem Flügel für Bomben oder Lenkflugkörper. Das Dreibeinfahrwerk kann nicht eingezogen werden.

Die Orion ist für die elektronische Aufklärung und Fernmeldeaufklärung geeignet. Außerdem kann sie Ziele mit dem Laser erfassen und sie verfügt über eine MTI-Zielerfassung. Sie kann Bodenradarstationen entdecken und deren Koordinaten bestimmen. Im Jahr 2019 wurde die Orion in Syrien im Kampf erprobt. Im Jahr darauf wurde die Drohne bei den russischen Streitkräften eingeführt.

KRONSTADT ORION-E/INOKHODETS

Herkunftsland	Russland
Hersteller	Kronstadt Group
Betreiber	Russische Streitkräfte
Erstflug	2016
Abmessungen	Länge 8,00 m Höhe 3,00 m Spannweite 16,00 m
Startgewicht max.	1.150,0 kg
Antrieb	k. A.
Höchstgeschwindigkeit	200 km/h
Reichweite/Flugdauer	1.440 km oder 24 Stunden
Dienstgipfelhöhe	7.500 m (24.600 ft)
Bewaffnung	vier geführte Bomben

▶ SOKOL ALTIUS

Die Altius ist eine Drohne für mittlere Flughöhen und mit großer Ausdauer, die in erster Linie für Aufklärung, bewaffnete Angriffe und elektronische Kriegsführung entwickelt wurde. Sie kommt sowohl bei der russischen Luftwaffe als auch Marine zum Einsatz. Es handelt sich um eine relativ große Drohne, die von zwei Turboprop-Motoren angetrieben wird, die an den Flügeln sitzen. Die Höhenflossen sind abgeschrägt. Sie kann Kampfmittel abwerfen oder starten, darunter präzisionsgelenkte Kampfmittel, Flugkörper und Bomben.

▶ BAYKAR BAYRAKTAR AKINCI

Die Akinci ist eine Drohne mit Fähigkeiten für Nachrichtengewinnung, Überwachung und Aufklärung. Sie kann

ORION-E

Eine von Kronstadt entwickelte russische Drohne beim International Aviation and Space Salon, MAKS 2019, in Schukowski.

BAYKAR BAYRAKTAR AKINCI

Herkunftsland	Türkei
Hersteller	Baykar
Betreiber	Türkische Streitkräfte
Erstflug	2019
Abmessungen	Länge 12,20 m Höhe 4,10 m Spannweite 20,00 m
Startgewicht max.	6.000,0 kg
Antrieb	Turboprop-Motor
Höchstgeschwindigkeit	360 km/h
Reichweite/Flugdauer	7.500 km oder 24 Stunden
Dienstgipfelhöhe	13.700 m (45.000 ft)
Bewaffnung	Präzisionsgelenkte Bomben und Flugkörper

aber auch Kampfeinsätze durchführen sowie bemannte Kampfflugzeuge in ihren Einsätzen unterstützen. Sie verfügt über zwei Satellitenkommunikationssysteme und Luft-/Luft-Radar. Darüber hinaus hat sie elektronische Unterstützungssysteme, ein Antikollisionsradar und ein Radar mit synthetischer Apertur.

Sie ist für verschiedene elektronische Nutzlasten ausgelegt wie eine simultane elektrooptische/Infrarot-/Laser-Zielmarkierung, ein aktives Phased-Array-Radar (AESA) und Fernmeldeaufklärung. Mit fortschrittlichen KI-Systemen kann sie die Daten der Bordsensoren und

BAYRAKTAR AKINCI
Die Drohne Akinci stammt von der türkischen Rüstungsfirma Baykar.

-kameras sammeln und verarbeiten. Die Akinci hat vier Befestigungspunkte für präzisionsgelenkte Raketen wie die Mini Akilli Mühimmat MAM-T, MAM-C und MAM-L. Darüber hinaus kann sie Abstandswaffen mit großer Reichweite mitführen. Die Bodenkontrollstation ist für Satellitenkommunikation sowohl innerhalb als auch außerhalb der Sichtlinie geeignet.

▶ TAI AKSUNGUR

Die Aksungur, die auf der Technologie der Anka-Drohne von TAI basiert, ist die größte Drohne für mittlere Flughöhen mit großer Ausdauer, die von TAI hergestellt wird. Bei der Aksungur handelt es sich um eine anpassbare Plattform für unterschiedliche Einsätze, unter anderem Nachrichtengewinnung, Überwachung und Aufklärung (ISR), Fernmelde- und elektronische Aufklärung, Seefernaufklärung und Angriffseinsätze. Sie kann ISR- oder Fernmelde- und elektronische Aufklärungseinsätze über 24 Stunden und Seefernaufklärung oder Angriffseinsätze über etwa drei Stunden durchführen.

Die Aksungur ist als Schulterdecker ausgelegt. Unter jedem Flügel befindet sich ein Turboprop-Motor mit einem dreiflügeligen Propeller. Die Motorgondeln laufen in Auslegern aus, auf denen das Höhenleitwerk sitzt, das über senkrechte Stabilisierungsflossen und eine waagerechte Höhenflosse quer über diesen verfügt. Das Dreibeinfahrwerk kann eingezogen werden, was eine größere aerodynamische Effizienz bringt. Unter jedem Flügel befinden sich drei Befestigungspunkte für Munition oder Geräte wie Sonobojen für die Seefernaufklärung. Unter dem Bug sitzt eine kardanische Aufhängung mit einem Schwenkbereich von 360°.

TAI AKSUNGUR

Herkunftsland	Türkei
Hersteller	Turkish Aerospace Industries (TAI)
Betreiber	Türkische Marine
Erstflug	2019
Abmessungen	Länge 12,50 m Höhe 3,10 m Spannweite 24,20 m
Startgewicht max.	3.300 kg
Antrieb	Vierzylinder-Turbomotor TEI PD170
Höchstgeschwindigkeit	250 km/h
Reichweite/Flugdauer	6.500 km oder 50 Stunden
Dienstgipfelhöhe	12.200 m (40.000 ft)
Bewaffnung	Lenkflugkörper, Raketen, kleine Bomben

Zu den möglichen Nutzlasten zählen elektrooptische/Infrarot-Sensoren, ein Laser-Zielmarkierungsgerät, ein Laser-Entfernungsmesser, ein Radar mit synthetischer Apertur, ein MTI-Zielerfassungsgerät, Sensoren für ein inverses Radar mit synthetischer Apertur und eine Reihe von Luft-/Boden-Waffen. Für die Seefernaufklärung gibt es außerdem ein automatisches Identifikationssystem, eine Gondel für Sonobojen und einen Ausleger für ein Magnetometer.

Im Bereich der Kommunikation verfügt die Aksungur über Satellitenkommunikation, ein Personenortungssystem (PLS), ein Funkrelais und eine Gondel für die luftgestützte Kommunikation. Die Aksungur kann völlig autonom fliegen und verfügt über einen automatischen Heimkehr- und Notlandemodus für den Fall, dass die Verbindung zur Bodenkontrollstation verloren gehen sollte.

AKSUNGUR

Die Aksungur ist eine Kampfdrohne mittlerer Reichweite mit einem äußerst flexiblen modularen Aufbau. Es gibt drei Versionen mit unterschiedlichen Einsatzaufgaben.

ANKA

Die Drohne Anka, 8,6 Meter lang und mit einer Spannweite von 17,6 Metern, wird in den riesigen, streng abgeriegelten Gebäuden von Turkish Aerospace in Ankara gebaut. Die Hallen haben eine Gesamtfläche von vier Millionen Quadratmetern. 2021 arbeiteten dort 10.000 Beschäftigte, darunter 3.000 Ingenieure.

▶ TAI ANKA

Die TAI Anka ist eine Drohne für mittlere Flughöhen mit großer Ausdauer, die in drei Hauptversionen gebaut wurde. Die Anka-A ist die Variante für Nachrichtengewinnung, Überwachung und Aufklärung. Die Anka-B zeichnet sich durch ein Radar mit synthetischer Apertur und ein System für die Freund-Feind-Kennung aus. Die Anka-S hat ein elektrooptisches System zur Aufklärung, Überwachung und Zielerfassung (ASELSAN CATS), ein vorwärts gerichtetes Infrarotsystem, einen Flugrechner und Satellitenkommunikation. Vier präzisionsgelenkte Minibomben Roketsan MAM-L können von der Anka-S mitgeführt werden.

Die Anka-Drohnen haben ein ähnliches Profil wie die Predator und die Reaper. Der röhrenförmige Rumpf schließt mit einem aerodynamisch gewölbten Bug ab. Sie haben auf der Schulter montierte Flügel und ein Paar nach außen geneigte Heckflossen auf jeder Seite des Motorgehäuses. Der Druckpropeller wird von einem Turbodieselmotor angetrieben. Unter dem Bug befindet sich eine kardanische Aufhängung für die optischen Nutzlasten. Das vorhandene Dreibeinfahrwerk ist einziehbar.

Typische Nutzlasten für jede dieser Drohnen sind eine elektrooptische Tageslicht-Farbkamera, ein elektrooptisches nach vorn gerichtetes Infrarotsystem, ein Laser-Entfernungsmesser, ein Laser-Zielmarkierungsgerät mit einer Beobachterkamera, ein Radar mit synthetischer Apertur und MTI-Zielerfassung sowie ein inverses Radar mit synthetischer Apertur.

Die Anka wird als System ausgeliefert, das aus drei Drohnen, einer Bodenkontrollstation, einem Bodendatenterminal, einem automatischen Start- und Landesystem, einem transportablen Bildauswertungssystem (TIES), einem abgesetzten Videoterminal sowie Bodenunterstützungsgerät besteht. Die Drohne kann bereits vorab programmierte Einsätze fliegen und ist in der Lage, automatische Starts und Landungen auszuführen.

SEEKER-400
Die aktuelle Version der Seeker eignet sich für Aufklärung, Zielortung und elektronische Nachrichtengewinnung, aber auch für Präzisionsangriffe.

DENEL DYNAMICS SEEKER-400

Herkunftsland	Südafrika
Hersteller	Denel Dynamics
Betreiber	Südafrikanische Luftwaffe
Erstflug	2014
Abmessungen	Länge 5,77 m Höhe 1,85 m Spannweite 10,00 m
Startgewicht max.	450,0 kg
Antrieb	Viertakt-Flugzeugmotor
Höchstgeschwindigkeit	220 km/h
Reichweite/Flugdauer	700 km oder 16 Stunden
Dienstgipfelhöhe	5.480 m (18.000 ft)
Bewaffnung	k. A.

▶ DENEL DYNAMICS SEEKER-400

Die Seeker-400 ist eine Entwicklung aus der bewährten Drohne Seeker II. Sie ist um 30 Prozent länger und führt mehr und moderneres Gerät mit. Obwohl sie in erster Linie für die Nachrichtengewinnung, Überwachung und Aufklärung entwickelt wurde, verfügt sie auch über Befestigungspunkte für Waffen oder Reservetanks unter den Flügeln. Die Seeker-400 kann bei Tag und Nacht und extrem ungünstigen Wetterbedingungen operieren. Der Flug und das an Bord befindliche Gerät können manuell oder autonom gesteuert werden.

Sie kann bis zu 250 Kilometer über eine direkte Sichtlinienverbindung kommunizieren und liefert in Echtzeit Aufklärung, Zielortung und Zielerfassung. Geeignet ist sie für die Feuerunterstützung der Artillerie, die elektronische Nachrichtengewinnung und andere elektronische Unterstützungsmaßnahmen. Bestückt werden kann sie mit einer Tageslicht-Farbkamera mit Zoomobjektiv, einer Infrarot-Wärmebildkamera, einer Tageslicht-Farb- oder -Schwarzweiß-Beobachterkamera oder einer Nacht-Beobachtungskamera, einem Laser-Entfernungsmesser und einem Laser-Zielmarkierungsgerät. Die Seeker-400 kann automatisch starten und landen.

Das System besteht aus vier bis sechs Drohnen, einer Mission Control Unit (Einsatzsteuerung), einer Einheit für Verfolgung und Kommunikation, weiterem einsatzspezifischem Gerät, Feldunterstützungsgerät und auf Wunsch sekundärer Einsatzsteuerung und Verfolgungs- und Kommunikationseinheit. Das System kann in zwei Flugzeugen vom Typ C-130 transportiert werden.

▶ ADCOM SYSTEMS YABHON UNITED 40

Die Yabhon United 40, auch als Yabhon Smart Eye 2 bezeichnet, ist eine Drohne für mittlere Flughöhen mit großer Ausdauer. Sie dient der Nachrichtengewinnung, Aufklärung und als Kommunikations-Relaisstation. Sie kann eine Reihe von Operationen unterstützen, auch Einsätze der Spezialkräfte.

Die Yabhon United 40 kann verschiedene Munition mitführen und Ziele erfassen. Der S-förmige Rumpf hat Doppelflügel. Der gewölbte Rumpf verschlankt sich nach hinten zu einem senkrechten Stabilisator. Hinten am Rumpf befindet sich ein dreiflügeliger Propeller. An den vier Befestigungspunkten können Luft-Boden-Raketen oder gelenkte oder ungelenkte Bomben transportiert werden. Die Marineversion der Yabhon 40 kann Sonobojen einsetzen und einen leichten Torpedo mitführen. Sie wird von den Vereinigten Arabischen Emiraten, aber auch von Russland, Ägypten und Algerien eingesetzt.

▶ AVIC CLOUD SHADOW

Die Cloud Shadow ist eine Drohne für hohe Flughöhen mit großer Ausdauer, die in drei Hauptversionen gebaut wird. Die CS-1 dient in erster Linie der Bildaufklärung, die CS-2 der elektronischen Aufklärung und die CS-3 der Aufklärung und für bewaffnete Angriffseinsätze. Die Cloud Shadow hat einen runden, aerodynamischen Bug und rückwärts gepfeilte Flügel. Die Höhenflossen sind

YABHON UNITED 40

Diese United 40 ist auf Seeoperationen spezialisiert. Die Marineversion kann Sonobojen zur Aufspürung von U-Booten platzieren und einen Torpedo für Luft-See-Angriffe mitführen.

CLOUD SHADOW
Eine AVIC Cloud Shadow bei der Luftfahrtschau in Dubai im Jahr 2017. Sie trägt unter beiden Flügeln Luft-Boden-Raketen Blue Arrow.

nach außen geneigt und auf dem Rücken befindet sich ein Lufteinlass für das Turbostrahltriebwerk.

Das Standardgerät für die meisten Versionen umfasst eine Gondel für elektrooptische/Infrarotsensoren, die der Luftüberwachung, Nachrichtengewinnung, Zielauswahl, Beobachtung und Aufklärung dienen. Das Paket enthält auch Bildsensoren mit hoher Auflösung. Unter jedem Flügel gibt es zwei Befestigungspunkte für Flugkörper oder Präzisionsmunition. Die Cloud Shadow kann autonom fliegen oder fernbedient werden. Ihre Aufträge erhält sie über eine Datenverbindung von der Bodenkontrollstation. Das System der Cloud Shadow besteht aus drei Drohnen, einer Bodenkontrollstation und den erforderlichen Munitionssystemen.

AVIC CLOUD SHADOW

Herkunftsland	China
Hersteller	Aviation Industry Corporation of China (AVIC)
Betreiber	China
Erstflug	2016
Abmessungen	Länge 9,00 m Höhe 3,66 m Spannweite 20,00 m
Startgewicht max.	3.000,0 kg
Antrieb	Turbostrahltriebwerk WP-11C oder ZF850
Höchstgeschwindigkeit	620 km/h
Reichweite/Flugdauer	20 Stunden
Dienstgipfelhöhe	15.000 m (49.200 ft)
Bewaffnung	Flugkörper, gelenkte Bomben

▶ CASC RAINBOW CH-5

Die Rainbow CH-5 ist eine Drohne für mittlere Flughöhen mit großer Ausdauer. Wie der Name schon sagt, ist sie die fünfte Version der Rainbow-Reihe. Die CH-5 kann für die unterschiedlichsten militärischen Operationen genutzt werden, neben der Nachrichtengewinnung, Überwachung, Zielerfassung und Aufklärung auch für Patrouillen und Angriffsoperationen.

Im Aussehen ähnelt sie der RQ-9 Reaper. Der Körper hat gerade Flügel und zwei geneigte Höhenflossen. Motor und Propeller befinden sich hinten am Rumpf. Die mit einem Turbodieselmotor ausgestattete aktuelle Version hat eine besonders große Reichweite. Unter jedem Flügel befinden sich drei Befestigungspunkte für Munition.

▶ CASC RAINBOW CH-7

Die CH-7 ist eine Nurflügeldrohne mit Tarnkappentechnik für fortgeschrittene Aufklärungsunterstützung und bewaffnete Angriffseinsätze. Sie kann strategische Informationen gewinnen, permanent aufklären, die gegnerische Luftabwehr unterdrücken und Kampfunterstützung leisten.

Bei der Konstruktion wurde darauf geachtet, für das gegnerische Radar so weit wie möglich unsichtbar zu bleiben. Dafür sorgen neben der Nurflügelkonstruktion noch weitere Elemente wie die äußere Beschichtung. Die Munition befindet sich in einem verborgenen Waffenschacht, um die Aerodynamik nicht zu verschlechtern.

Die CH-7 kann auch für Einsätze gegen gegnerische luftgestützte Früherkennungs- und Vorwarnungsplattformen (AEWAC) genutzt werden und sie ist in der Lage, Angriffe auf Seeziele durchzuführen. Die Drohne kann Flugkörper zur Bekämpfung von bodengestützten Radaranlagen und Abstandswaffen mitführen. Laut dem Leiter der Konstruktion kann die CH-7 „Radar- und elektronische Signale abfangen und gleichzeitig Hochwertziele entdecken, verifizieren und überwachen". Nach Meldungen der Janes Group sollen noch in 2024 die neuesten Entwicklungen abgeschlossen werden.

CASC RAINBOW CH-5

Herkunftsland	China
Hersteller	CASC
Betreiber	China
Erstflug	2000 (CH-1)
Abmessungen	Länge 11,20 m Höhe k. A. Spannweite 21,00 m
Startgewicht max.	3.000,0 kg
Antrieb	Turboprop-Triebwerk
Höchstgeschwindigkeit	450 km/h
Reichweite/Flugdauer	10.300 km oder 60 Stunden
Dienstgipfelhöhe	9.000 m (29.500 ft)
Bewaffnung	Flugkörper, präzisionsgelenkte Bomben

RAINBOW CH-5

Eine Drohne Rainbow CH-5 bei der chinesischen Luftfahrt- und Raumfahrtausstellung in Zhuhai im Jahr 2016. Sie kann kompakte Überschall-Panzerabwehrflugkörper AR-1 oder AR-2 mitführen.

SICHUAN TENGDEN TB-001

Herkunftsland	China
Hersteller	Sichuan Tengden
Betreiber	China
Erstflug	2017
Abmessungen	Länge 10,00 m Höhe 3,30 m Spannweite 20,00 m
Startgewicht max.	2.800,0 kg
Antrieb	2x Turboprop-Triebwerke
Höchstgeschwindigkeit	300 km/h
Reichweite/Flugdauer	6.000 km oder 35 Stunden
Dienstgipfelhöhe	8.000 m (26.200 ft)
Bewaffnung	Luft-Boden-Raketen, lasergelenkte Bomben

TB-001
Eine TB-001 der chinesischen Volksbefreiungsarmee, gebaut von Sichuan Tengden und mit dem Spitznamen „doppelschwänziger Skorpion" bezeichnet, fliegt am 28. September 2021 während der Luftfahrt- und Raumfahrtausstellung in Zhuhai in Südchina.

▶ SICHUAN TENGDEN TB-001 TWIN-TAILED SCORPION

Dieses System für mittlere Flughöhen und mit langer Ausdauer ist sowohl für Aufklärungseinsätze als auch für bewaffnete Angriffseinsätze geeignet. Unter jedem Flügel befinden sich zwei Ausleger, die jeweils am Ende ein horizontales Höhenleitwerk tragen. An jedem dieser Ausleger befindet sich ein Turboprop-Triebwerk mit einem dreiflügeligen Propeller.

Die TB-001 verfügt über Satellitenkommunikation und kann Luft-Boden-Raketen vom Typ Blue Arrow mitführen. Das Dreibeinfahrwerk ist einziehbar. Es gibt auch eine Version der TB-001 mit einem dritten Motor hinten am Rumpf, der einen Druckpropeller antreibt.

▶ GUIZHOU WZ-7 SOARING DRAGON

Diese Drohne wurde für Langzeiteinsätze in großer Höhe entwickelt und ähnelt in Rolle und Aussehen der RQ-4 Global Hawk von Northrop Grumman. Sie ist mit einem Strahltriebwerk ausgestattet, dessen Lufteintritt sich oben auf dem Rumpf vor dem Höhenleitwerk befindet. Neben ihrer Eignung für Aufklärung und Überwachung kann die WZ-7 auch Munition für Angriffseinsätze mit sich führen.

GUIZHOU WZ-7 SOARING DRAGON

Herkunftsland	China
Hersteller	Guizhou
Betreiber	China
Erstflug	2011
Abmessungen	Länge 14,33 m Höhe 5,41 m Spannweite 24,86 m
Startgewicht max.	7.500,0 kg
Antrieb	Turbostrahltriebwerk Guizhou WP-13
Höchstgeschwindigkeit	1.000 km/h
Reichweite/Flugdauer	7.000 km oder 10 Stunden
Dienstgipfelhöhe	18.000 m (59.000 ft)
Bewaffnung	Lasergelenkte Bomben, Luft-Boden-Raketen

WZ-7

Eine Drohne WZ-7 Soaring Dragon für Aufklärungseinsätze in großer Höhe bei der ersten offiziellen Vorstellung bei der 13. chinesischen Luftfahrt- und Raumfahrtausstellung in Zhuhai im September 2021.

AIRBUS VSR 700
Die VSR 700 soll an Bord von Fregatten, Zerstörern und anderen Marineschiffen eingesetzt werden, um bemannte Hubschrauber zum Beispiel bei der U-Boot-Bekämpfung zu unterstützen.

KAPITEL 4: VTOL-DROHNEN

MARINEUNTERSTÜTZUNGSDROHNE
Eine MQ-8B Fire Scout bei einer Übung zur Erprobung der automatischen Landung auf dem Deck der USS Nashville.

Die Vorteile senkrecht startender und landender (VTOL) Luftfahrzeuge liegen auf der Hand. Sie können auch auf engstem Raum ohne Start- und Landebahn oder auf dem Deck eines Marineschiffs operieren. Ein relativ großer, bemannter Hubschrauber ist aber im Schwebeflug stets dem Feuer vom Boden ausgesetzt. Für seine Zerstörung genügen schon einfache Handwaffen wie Panzerabwehrgranaten. Aufgrund seiner Größe wird der bemannte Hubschrauber auch eher vom feindlichen Radar erfasst. Eine VTOL-Drohne hingegen, die kleiner ist als ein konventioneller Hubschrauber, wird von einem der üblichen Radarsysteme eher nicht erfasst. Mit halb- oder vollautonomen Merkmalen können VTOL-Drohnen auch mit lernenden Technologien ausgerüstet sein, die ihre Leistungsfähigkeit und Fähigkeiten erweitern.

VTOL-Drohnen können auch mit konventionellen bemannten Hubschraubern kooperieren, um die Einsatzeffizienz und Reichweite zu erhöhen. Dabei kann der bemannte Hubschrauber in sicherer Entfernung bleiben, während die Drohne in einen umkämpften Luftraum oder gefährliche Gebiete eindringt. Auf diese Weise lässt sich das Risiko der Hubschrauberbesatzung minimieren. Die Marineversionen der VTOL-Drohnen verfügen nun über Technologien, die es ihnen ermöglichen, auch unter den schlechtesten Wetterbedingungen von fahrenden Schiffen zu starten und dort zu landen. So wird auch die Wahrscheinlichkeit möglicher Bedienerfehler reduziert.

Hybride VTOL-Drohnen

Senkrecht startende und landende Luftfahrzeuge haben gewisse Vorteile, aber auch Nachteile. Sie sind längst nicht so schnell wie Starrflügler, haben nicht deren Reichweite und können auch nicht segeln, um Treibstoff zu sparen. Dazu ist der Wartungsaufwand bei ihnen wesentlich höher. Starrflügler wiederum benötigen je nach Größe eine geeignete Startbahn oder einen anderen

Anschub wie zum Beispiel ein Katapult. Die Fortschritte in der Hybridtechnologie haben es möglich gemacht, die jeweiligen Vorteile beider Luftfahrzeugtypen miteinander zu verbinden und Drohnen zu bauen, die auf engstem Raum senkrecht starten können und danach in einen konventionellen Vorwärtsflug übergehen.

Dieses Kapitel zeigt die unterschiedlichen Bauarten. Einige dieser Drohnen verfügen über kleine Rotoren an Auslegern für den Senkrechtstart und einen Hauptrotor für den Vorwärtsflug. Hybride Drohnen sind besonders wertvoll für kleine, verdeckt operierende Einheiten wie die Spezialkräfte. Dort sorgt die Fähigkeit der Drohnen, senkrecht zu starten und zu landen, dafür, dass sie vom Gegner nur schwer wahrzunehmen sind, ob nun im Wald oder im Ortskampf.

▶ NORTHROP GRUMMAN MQ-8B/MQ-8C FIRE SCOUT

Die beiden MQ-8B und MQ-8C Fire Scout sind autonom fliegende, unbemannte Hubschrauber, die von der US Army und der US Navy erprobt wurden. Ihre Systeme unterscheiden sich durch ihre Konstruktion. Während die MQ-8B auf dem bemannten Hubschrauber Schweizer 333 basiert, ist die MQ-8C von dem handelsüblichen Hubschrauber Bell 407 abgeleitet. In der Luftfahrzeugzelle der MQ-8B sitzt ein Rolls-Royce-Triebwerk vom Typ 250-C20W.

NORTHROP GRUMMAN MQ-8B FIRE SCOUT

Herkunftsland	USA
Hersteller	Northrop Grumman
Betreiber	US Navy
Erstflug	2006
Abmessungen	Länge 7,30 m Höhe 2,90 m Rotordurchmesser 8,38 m
Startgewicht max.	1.425 kg
Antrieb	Rolls-Royce/Allison 250-C20W
Höchstgeschwindigkeit	230 km/h
Reichweite/Flugdauer	8 Stunden
Dienstgipfelhöhe	6.100 m (20.000 ft)
Bewaffnung	Advanced Precision Kill Weapon System (APKWS)

MQ-8B FIRE SCOUT

Die MQ-8B ist die kleinere Version der Fire Scout, die auf den Littoral Combat Ships der US Navy eingesetzt wird. Sie kann bei Marineoperationen mit bemannten Hubschraubern kooperieren.

Die Akzeptanz der Systeme bei US Army und US Navy schwankte zwischen Begeisterung und Ablehnung. Zunächst verlor die Navy das Interesse an der MQ-8B, während bei der Army das Interesse zunahm. Schließlich kam die Army aber zu dem Schluss, dass die RQ-7 Shadow besser für ihre Bedürfnisse geeignet war, und bei der Navy lebte das Interesse an der MQ-8B wieder auf.

Die Navy ließ ein Seefernaufklärungsradar für unterschiedliche Einsätze in der MQ-8B installieren und erprobte mit ihr auch Waffen wie das AGR-20 Advanced Precision Kill Weapon System (APKWS) mit der Hydra 70. Das von der Army erprobte System MQ-8B umfasste einen Laser-Entfernungsmesser und -Zielmarkierer, mit dem die Fire Scout Ziele rasch und präzise entdecken, orten, verfolgen und markieren konnte. Dazu konnte sie auch die Gefechtsschadensbewertung durchführen.

Nachdem die Navy ihr Interesse an der Fire Scout wiederentdeckt hatte und 2006 die erste erfolgreiche Landung an Bord eines Marineschiffs stattfand, setzte sie die Fire Scout an Bord von Littoral Combat Ships (Schiffe für küstennahe Gefechtsführung) ein, um ihr Sensorpaket für den U-Boot-, Minen- und Landkrieg zu nutzen. Die MQ-8B wurde auch in Afghanistan für die Nachrichtengewinnung, Überwachung und Aufklärung genutzt. In Libyen kam sie im Rahmen der Operation United Protector zum Einsatz, wobei zwar eine dieser Drohnen während eines Aufklärungsflugs von Pro-Gaddafi-Kräften abgeschossen wurde. Das bewies aber andererseits den Wert eines unbemannten Systems, denn es kam niemand ums Leben. Allerdings stürzten zwei MQ-8B ab, eine in Afghanistan und die zweite beim Versuch, auf dem Mutterschiff auf hoher See zu landen. Eine Analyse kam zu dem Schluss, dass einer der Abstürze auf einen Fehler im Navigationssystem und der zweite auf einen anderen Softwarefehler zurückzuführen war. Daraufhin wurde strengere Kontrollen eingeführt.

Die MQ-8C als nächste Generation hat den Vorteil einer größeren Luftfahrzeugzelle und bietet nun eine Ausdauer von über zehn Stunden, eine Reichweite von 240 Kilometern und eine wesentlich größere Nutzlast. Die MQ-8C kann auf jedem geeigneten Schiff starten und landen, aber auch auf ungeschützten Landeplätzen.

Die Sensorsuite der MQ-8C umfasst unter anderem ein nach vorn gerichtetes Infrarotsystem AN/AAQ-22D BRITE Star II, einen Turm mit elektrooptischer/Infrarot- und Laser-Zielmarkierung sowie ein aktives Phased-Array-Radar Leonardo Osprey 30. Damit ermöglicht die Fire Scout Ortung, Verfolgung und Radarabbildung von Zielen bei allen Wetterbedingungen. Das kommt dem Lagebewusstsein, der Zielerfassung außerhalb der Sichtlinie und der Nachrichtengewinnung, Überwachung und Aufklärung zugute.

MQ-8C FIRE SCOUT

Diese MQ-8C Fire Scout basiert auf der Zelle des Hubschraubers Bell 407. Sie kann von dafür geeigneten Schiffen und unvorbereiteten Landeplätzen autonom starten und wieder landen.

▶ HONEYWELL RQ-16 T-HAWK

Diese tragbare, ferngesteuerte VTOL-Mikro-Aufklärungsdrohne mit Mantelpropeller wurde im Rahmen eines Projekts der DARPA (Behörde für Forschungsprojekte der Verteidigung) von Honeywell entwickelt. Das Programm wurde dann in das Programm Future Combat Systems (Waffensysteme der Zukunft) übertragen. Der Boxermotor der T-Hawk liefert genügend Auftrieb für eine Flughöhe von über 3.000 Metern und erreicht Geschwindigkeiten bis zu 128 km/h. Im Einsatz wurde die T-Hawk überwiegend für die Beobachtung im Schwebeflug eingesetzt, wo sie Bilder von Objekten und Gebieten lieferte, die für die Bediener von Interesse waren. Dabei konnte es sich um Sprengfallen oder auch die Navigation in beengten Räumen handeln, ob nun in urbanen oder ländlichen Umgebungen.

Im Jahr 2007 gab die US Navy der teilstreitkraftübergreifenden Kampfmittelbeseitigungsgruppe den Auftrag, 20 dieser Drohnen im Irak zu stationieren. So sollte das Risiko der Soldaten bei der Untersuchung von Sprengfallen möglichst gering gehalten werden. Im Jahr darauf bestellte die US Navy weitere 272 T-Hawk für ihre Kampfmittelbeseitigungsteams. Die US Army bestellte die T-Hawk für Aufklärung, Überwachung, Zielerfassung und Laser-Zielmarkierung. Ihre einzigartige Fähigkeit zum Schwebeflug gab den kleinen Einheiten vor Ort

HONEYWELL RQ-16 T-HAWK

Herkunftsland	USA
Hersteller	Honeywell
Betreiber	US Army, US Navy, britisches Heer
Erstflug	2008
Abmessungen	Länge 0,59 m Höhe 0,46 m Rotordurchmesser k. A.
Startgewicht max.	8,4 kg
Antrieb	Zweizylinder-Boxermotor
Höchstgeschwindigkeit	130 km/h
Reichweite/Flugdauer	40 Minuten
Dienstgipfelhöhe	3.200 m (10.500 ft)
Bewaffnung	keine

WÜSTENPATROUILLE
Ein britischer Soldat sieht zu, wie eine Mikrodrohne Tarantula Hawk über der Wüste von Afghanistan schwebt.

SONOBOJE

VTOL-Drohnen sind bei den Marinen in aller Welt immer häufiger zu sehen. Zu ihren Aufgaben zählt unter anderem der Einsatz von Sonobojen zum Aufspüren von U-Booten. Eine Sonoboje wird normalerweise von einem Luftfahrzeug abgeworfen oder im Wasser hinterher gezogen. Es wird ein Behälter abgeworfen, meist mit einem kleinen Fallschirm, um den Aufprall abzubremsen. Sobald das System im Wasser ist, fängt es an zu arbeiten. Ein Hydrofon-Sensor geht unter die Wasseroberfläche, während ein Funkgerät an der Oberfläche bleibt, um die Signale an ein Luftfahrzeug zu übertragen.

Eine aktive Sonoboje strahlt ein Signal aus und empfängt dann das Echo, das von einem Festkörper wie einem U-Boot-Rumpf ausgeht. Eine passive Sonoboje hingegen wartet auf Geräusche eines U-Boot-Motors oder andere akustische Signale. Der Einsatz von Sonobojen durch Drohnen bietet den Vorteil, dass diese meist kleiner als herkömmliche bemannte Hubschrauber sind und daher bessere Chancen haben, dem gegnerischen Radar zu entkommen. Der bemannte Hubschrauber ist dann auch frei für andere Einsätze. In umkämpften Gebieten wird mit der Drohne auch kein Personal gefährdet.

BERGUNG
Seeleute („Raptors") des Helicopter Maritime Strike Squadron (HSM) 71 bergen mit Hilfe eines Hubschraubers MH-60R Seahawk eine Sonoboje.

VORBEREITUNG
Aviation Ordnanceman (Flugzeugwaffenmaat) 1st Class Anthony Petito klinkt eine Sonoboje in die Rutsche ein. Er gehört zum Patrol Squadron 62 (VP-62), das auf dem Marinefliegerstützpunkt Jacksonville in Florida stationiert ist.

AEROVIRONMENT SNIPE NANO QUADROTOR

Herkunftsland	USA
Hersteller	AeroVironment
Betreiber	US Army
Erstflug	2017
Abmessungen	k. A.
Startgewicht max.	140 kg
Antrieb	Elektromotoren
Höchstgeschwindigkeit	35 km/h
Reichweite/Flugdauer	1.000 m oder 15 Minuten
Dienstgipfelhöhe	k. A.
Bewaffnung	keine

SNIPE NANO
Die extrem kompakte Snipe Nano kann ein einzelner Soldat schnell einsetzen, um in umkämpften urbanen Gebieten oder bei Feldeinsätzen sofort einen Blick über eine Mauer oder um die Ecke werfen zu können.

wichtige Informationen, wenn deren Sicht aufgrund von Hindernissen eingeschränkt war.

Ursprünglich war geplant, die Kampfbrigaden der US Army mit der T-Hawk auszustatten, aber nach diversen Erwägungen wurde der Auftrag wieder storniert. Stattdessen wurde schließlich die RQ-20 Puma bestellt. Einer der Gründe für die Ablehnung der T-Hawk war das laute Motorengeräusch, das die Drohne und damit auch ihre Bediener in Gefahr bringen konnte. Bei Aufträgen wie der Kolonnenüberwachung oder der Straßenräumung spielt das allerdings keine Rolle, denn die Fahrzeuge am Boden machen wesentlich mehr Lärm als die Drohne. Auch das britische Verteidigungsministerium bestellte T-Hawk und setzte sie ab 2010 bei den Kampfmittelbeseitigungsteams des britischen Heeres in Afghanistan ein.

▶ AEROVIRONMENT SNIPE NANO QUADROTOR

Die winzige Snipe-Drohne ist ein tragbares System mit vier Rotoren für Nachrichtengewinnung, Überwachung und Aufklärung im Nahbereich und liefert dem Bediener Informationen für taktische Entscheidungen in der unmittelbaren Umgebung. Sie wird vom Bediener an einer Koppeltasche getragen und hat fast das gleiche Einsatzprofil wie die Black Hornet.

Die Snipe verfügt über vier Elektromotoren, die jeweils einen Rotor antreiben. Die Stromversorgung erfolgt über austauschbare Batterien. Volle Batterien erlauben einen über 30 Minuten langen Flug. Die Drohne wird über ein gehärtetes Tablet gesteuert, auf dem das Betriebssystem Windows 7 läuft. Sie kann entweder manuell geflogen oder mit einem GPS für die Wegpunktnavigation programmiert werden.

Die Snipe erreicht Geschwindigkeiten von bis zu 55 km/h und hat eine sehr geringe akustische Signatur. Die elektrooptischen/Infrarotkameras bieten Echtzeitvideos, und das UHF-Funkgerät ermöglicht eine gute Kommunikation jenseits der Sichtlinie. Kameras und Sensoren befinden sich in einem schwenkbaren System vorn an der Drohne und bieten damit stets einen optimalen Blickwinkel.

▶ AIRBUS HELICOPTERS VSR 700

Die VSR 700 ist eine senkrecht startende, vielseitige Marinedrohne, basierend auf dem bemannten leichten Hubschrauber Guimbal Cabri G2. 2023 befand sie sich noch bei Airbus im Rahmen des Programms Système de drone aérien pour la Marine (SDAM) in der Entwicklung. Das Projekt wird seit 2017 von der französischen Marine finanziert. Die VSR 700 soll auf Mistral-Hubschrauberträgern, Zerstörern und künftigen Fregatten eingesetzt werden, und auch bei den Baureihen FDI und FREMM.

AIRBUS HELICOPTERS VSR 700

Herkunftsland	Frankreich
Hersteller	Airbus Helicopters, Guimbal
Betreiber	Französische Marine
Erstflug	2017
Abmessungen	Länge 6,20 m Höhe 2,28 m Rotordurchmesser 7,20 m
Startgewicht max.	760,0 kg
Antrieb	Dieselmotor Thielert Centurion 2.0
Höchstgeschwindigkeit	187 km/h
Reichweite/Flugdauer	10 Stunden
Dienstgipfelhöhe	6.100 m (20.000 ft)
Bewaffnung	keine

Das Einsatzprofil der VSR 700 umfasst Nachrichtengewinnung, Überwachung, Zielerfassung sowie Aufklärung (ISTAR). Mit Hilfe eines Moduls von Thales kann sie ebenso zur U-Boot-Bekämpfung eingesetzt werden. An Bord befinden sich leistungsfähige Tag-/Nachtbildkameras und ein Seefernaufklärungsradar. Die VSR 700 eignet sich auch für Such- und Rettungseinsätze, da sie aufblasbare Rettungsinseln für Überlebende mitführen kann.

Die Drohne kann einen großen Bereich überwachen und dadurch den Horizont des Mutterschiffs enorm erweitern und potenzielle Bedrohungen identifizieren. Mit ihrer kompakten und schlanken Konstruktion findet die VSR 700 an Bord Platz neben konventionellen bemannten Marinehubschraubern. Mit diesen kann sie zusammenarbeiten, wobei sie Aufklärungs- und Zielinformationen an den bemannten Hubschrauber liefert.

Ihre Systeme umfassen unter anderem Sensoren für die elektronische Nachrichtengewinnung, elektrooptische/Infrarot-Sensoren und ein System zur automatischen Identifizierung. Das System Airbus DeckFinder ermöglicht Start und Landung auf fahrenden Schiffen auch unter schwierigsten Bedingungen.

VSR 700

Die VSR 700 kann auf Schiffsdecks oder an Land autonom landen. Sie eignet sich auch für die Langzeitüberwachung.

AWHERO
Eine taktische Hubschrauberdrohne AWHero. Die AWHero kann ein breites Spektrum an Einsätzen auf hoher See oder auf dem Gefechtsfeld wahrnehmen.

Die VSR 700 kann nicht nur für militärische Zwecke eingesetzt werden, sie kann auch Fischerboote schützen, Schmuggler bekämpfen und die Küste überwachen. Mit ihrer Ausdauer von zehn Stunden und ihrer geringen Signatur bietet sie militärischen Befehlshabern und Nachrichtenanalysten hervorragende Fähigkeiten.

▶ LEONARDO AWHERO ROTARY

Die Hubschrauberdrohne AWHero ist für See- und Landoperationen konzipiert und stellt eine äußerst vielseitige Plattform für Nachrichtengewinnung, Überwachung und Aufklärung (ISR) und Datenerfassung dar, die auch zur U-Boot-Bekämpfung sowie Kampfunterstützung genutzt werden kann. Weitere Möglichkeiten sind Minenabwehr, Bekämpfung von Unruhen, Schutz der eigenen Truppe und als Kommunikationsrelais außerhalb der Sichtlinie.

Die AWHero kommt von einem Hersteller mit viel Erfahrung im Hubschrauberbau. Leonardo hat sichergestellt, dass dieselben Sicherheitsstandards erfüllt werden, die auch für bemannte Hubschrauber gelten. Das wird durch Systemredundanz und eine hohe Zuverlässigkeit sowie dreifach redundante Flugsteuerungs- und Navigationssysteme erreicht.

Im Bugschacht der AWHero sitzt ein Turm mit elektrooptischen/Infrarotsensoren für Identifizierung, Ortung und Verfolgung von Land- und Seezielen. Die Drohne kann auch Bilder und Videos mit hoher Auflösung übertragen. Optional eingebaut werden können

LEONARDO AWHERO ROTARY

Herkunftsland	Italien
Hersteller	Leonardo
Betreiber	Italienische und australische Marine
Erstflug	2022
Abmessungen	Länge 3,70 m Höhe 1,20 m Rotordurchmesser 4,00 m
Startgewicht max.	200,0 kg
Antrieb	Schwerölmotor
Höchstgeschwindigkeit	167 km/h
Reichweite/Flugdauer	6 Stunden
Dienstgipfelhöhe	4.268 m (14.000 ft)
Bewaffnung	keine

SKELDAR V-200
Die Skeldar ist eine äußerst flexible VTOL-Drohne, die für die Überwachung, elektronische Kriegsführung, den Grenzschutz und die U-Boot-Bekämpfung eingesetzt werden kann.

ein Radar mit synthetischer Apertur, ein automatisches Identifikationssystem, Gerät für elektronische Unterstützungsmaßnahmen, eine Freund-Feind-Kennung und ein Seefernaufklärungsradar. Laut Herstellerangaben kann die Hubschrauberdrohne mit dem ultraleichten Radargerät Gabbiano TS20 ein viermal größeres Gebiet abdecken als eine Drohne derselben Gewichtsklasse mit optischen Sensoren.

Da sie sehr kompakt gebaut ist, kann die AWHero leicht in den Hangarräumen von Marineschiffen untergebracht werden und auch in sehr beengten Räumen operieren. Im Rahmen des strategischen Bündnisses haben Leonardo und Northrop Grumman das System auch der Royal Australian Navy angeboten.

▶ UMS AERO SKELDAR V-200

Die Skeldar V-200 ist eine VTOL-Drohne mit mittlerer Reichweite, die von Saab in Schweden entwickelt wurde. Ihre Aufgaben liegen in erster Linie in der Überwachung, 3D-Kartierung, Nachrichtengewinnung, elektronischen Kriegsführung und dem Transport leichter Nutzlasten. Sie kann autonom starten und landen. Ihr Zweitaktmotor von Hirtz kann mit den drei Treibstoffen Jet A-1, JP-5 und JP-8 betrieben werden. Die modularen Nutzlasten können Laserpointer, Laser-Entfernungsmesser und elektrooptische/Infrarotsensoren umfassen, außerdem Systeme für die 3D-Kartierung und die Fernmelde- und elektronische Aufklärung.

UMS AERO SKELDAR V-200

Herkunftsland	Schweden
Hersteller	UMS Aero, Saab
Betreiber	Bundesmarine, niederländische Marine, belgische Marine, spanische Marine, indonesische Streitkräfte
Erstflug	2005
Abmessungen	Länge 4,00 m Höhe 1,30 m Rotordurchmesser 4,60 m
Startgewicht max.	245 kg
Antrieb	Hirth-Zweitakt-Zweizylinder-Schwerölmotor
Höchstgeschwindigkeit	140 km/h
Reichweite/Flugdauer	6 Stunden
Dienstgipfelhöhe	3.000 m (9.800 ft)
Bewaffnung	keine

Die Bodenkontrollstation kann in ein militärisches Fahrzeug eingebaut oder in das Gefechtsführungssystem eines Schiffs integriert werden. Die Skeldar ist für Land- und Seeoperationen geeignet und landet problemlos auf dem unterschiedlichsten Gelände oder auf dem Deck eines Schiffs.

Die Bundesmarine hat sie für die Ausrüstung ihrer Korvetten der Braunschweig-Klasse (K130) ausgewählt. Die niederländische und die belgische Marine haben sie für Minenabwehrschiffe bestellt. Darüber hinaus wird die Skeldar von der kanadischen und der spanischen Marine und den indonesischen Streitkräften genutzt.

▶ ZIYAN UAS BLOWFISH A3

Die Blowfish ist eine VTOL-Drohne für die Aufklärung bei allen Wetterbedingungen und leichte Versorgungsaufträge. Sie ist mit einem Hauptrotor, einem Heckrotor und einem Vierpunkt-Kufenlandegestell ausgestattet. Unter dem Bug befindet sich ein optischer Sensor, und je nach Einsatzerfordernissen können weitere Sensoren installiert werden. Zur Wahl stehen elektrooptische/Infrarotkameras und Lidar-Scanner.

Für Einsätze auf hoher See kann ein Sendeempfänger für die automatische Identifizierung von Schiffen benutzt werden. Die Blowfish unterstützt Langstrecken-HD-Videoverbindungen und 4G-Kommunikationsmodule für die Echtzeit-Bildübertragung. Die Drohne verfügt über die verteilte Intelligenz-Technologie und kann so in einer Schwarmformation mit anderen Drohnen fliegen und dabei Kollisionen vermeiden. Neben den Aufklärungsaufgaben kann sie auch leichte Transportaufgaben übernehmen, zum Beispiel für Sanitätsartikel.

▶ L3HARRIS FVR-90 AIRFRAME

Die FVR-90 Airframe ist eine VTOL-Drohne, die über eine hybride Quadrotor-Technologie verfügt. Dank dieser Technik kann die Drohne vom Boden oder von einem Schiffsdeck aus senkrecht starten und danach in den Vorwärtsflug übergehen. Auf diese Weise kombiniert sie die Flexibilität und den geringen Platzbedarf einer VTOL-Drohne mit der Geschwindigkeit und Reichweite von einem konventionellen Starrflügler. Das Haupttriebwerk befindet sich hinten am Rumpf und treibt einen Druckpropeller an.

Die FVR-90 besitzt einen modularen Bug und zwei Befestigungspunkte unter den Flügeln. Daraus ergeben sich mehrere Transportoptionen für einsatzbezogenes Gerät, wie zum Beispiel das stabilisierte multispektrale Multisensor-Bildsystem WESCAM MX-8, ein elektrooptisches/Infrarot-System und eine Infrarotkamera für

BLOWFISH A3

Eine VTOL-Drohne des Kampfschwarmsystems Blowfish A3 bei der Messe UMEX in Abu Dhabi.
Die Blowfish A3 kann auch unterschiedliche Munition mitführen.

SHIELD AI V-BAT

Herkunftsland	USA
Hersteller	Shield AI
Betreiber	US Navy
Erstflug	2021
Abmessungen	Länge 2,70 m Höhe k. A. Spannweite 3,00 m
Startgewicht max.	57,0 kg
Antrieb	Zweitaktmotor Suter TOA 288
Höchstgeschwindigkeit	90 km/h
Reichweite/Flugdauer	10 Stunden
Dienstgipfelhöhe	6.100 m (20.000 ft)
Bewaffnung	keine

den mittleren Infrarotbereich (MWIR). Auch ein Laser-Entfernungsmesser und ein Laser-Zielbeleuchter sind möglich. Das elektronische Gerät befindet sich an einer vierachsigen kardanischen Aufhängung. Die FVR-90 wird mit einer kleinen, mobilen Bodenkontrollstation auf einem Windows-Laptop oder einem Laptop mit Datalink gesteuert.

▶ SHIELD AI V-BAT

Die V-BAT von Shield AI (vormals Martin UAV) ist eine VTOL-Drohne, die mit einem gerichteten Strahl ähnlich wie eine Rakete funktioniert. So kann sie ohne Startbahn oder Spezialgerät wie ein Katapult abheben. Der Transport vom und zum Startplatz erfolgt in einem Lkw, und die Drohne ist anschließend in weniger als 20 Minuten zusammengebaut. Die V-Bat kann auch bei starkem Wind starten und landen. Aufgrund ihres geringen Platzbedarfs ist auch ein Einsatz auf See auf stark belegten Schiffsdecks möglich. Sie startet senkrecht wie eine Rakete, und sobald sie in der Luft ist, kann sie für den autonomen Flug programmiert werden.

Die V-Bat unterstützt eine Reihe einsatzwichtiger Geräte und Sensoren, darunter eine elektrooptische/Infrarotkamera für den mittleren Infrarotbereich (MWIR), ein automatisches Identifikationssystem und Technologien für die Land-/See-Weitbereichsuche (WAS). Gesteuert wird das System über das KI-Softwareprogramm Hivemind. Damit ist die V-BAT in der Lage, sich an wechselnde Bedingungen und Bedrohungen anzupassen und autonom die Erfolg versprechendsten Optionen auszuwählen.

V-BAT
Eine V-Bat-Drohne bei der Landung an Deck eines Transportschiffs.

Die US Army hat eine Zeitlang erwogen, die V-BAT in ihr zukünftiges taktisches Drohnensystem (FTUAS) zu integrieren und als Nachfolgerin der RQ-7 Shadow einzusetzen. Die Drohne wurde auch vom US Marine Corps erprobt, und eine Marineversion war ebenfalls in der Entwicklung.

AEROVIRONMENT JUMP 20

Herkunftsland	USA
Hersteller	AeroVironment
Betreiber	US Special Operations Command
Erstflug	k. A.
Abmessungen	Länge 2,90 m Höhe k. A. Spannweite 5,70 m
Startgewicht max.	97,5 kg
Antrieb	Kolbenmotor
Höchstgeschwindigkeit	139 km/h
Reichweite/Flugdauer	13 Stunden
Dienstgipfelhöhe	4.572 m (15.000 ft)
Bewaffnung	keine

▶ AEROVIRONMENT JUMP 20

Die Jump 20 ist eine mittelgroße Drohne, die in der Lage ist, senkrecht zu starten und zu landen und dann mit ihren starren Flügeln in den Vorwärtsflug überzugehen. Daher benötigt sie weder eine Startbahn noch irgendein Hilfsgerät für Start und Landung. Diese raffinierte Konstruktion hat vier Elektromotoren an Auslegern, die von jedem Flügel aus nach vorn beziehungsweise nach hinten gehen. Die Motoren treiben kleine Propeller an, die für den Senkrechtstart sorgen. Vorn am Rumpf befindet sich ein zehn PS starker Viertaktmotor für den Antrieb eines Bugpropellers für den waagerechten Flug. Sobald die Jump in der Luft ist, wechselt sie vom Senkrechtstart in den Vorwärtsflug, wobei die starren Flügel den Auftrieb für den Flug in das Operationsgebiet sicherstellen.

Das System ist auf einen einfachen Betrieb ausgelegt. Es kann in weniger als einer Stunde ausgepackt, aufgebaut und flugbereit gemacht werden. Im Einsatz bietet die Jump Nachrichtengewinnung, Überwachung und Aufklärung mit Hilfe mehrerer Sensoren. Dabei ist das System für modulare, leicht anpassbare Gerätepakete konzipiert, die sich an die jeweiligen Einsatzerfordernisse anpassen lassen. Zur Standardausstattung gehören elektrooptische/Infrarotkameras für Videodaten und

JUMP 20

Ein Soldat des 1st Engineer Battalion, 1st Infantry Division, wirft vor dem Start den Motor der Jump 20 an. Hier wird im April 2020 in Fort Riley, Kansas, die Leistungsfähigkeit der Drohne überprüft.

AEROSONDE HQ
Die Aerosonde HQ ist eine von Startbahnen unabhängige Drohne, die mit Hilfe der Quadrotortechnologie senkrecht starten und landen kann.

Echtzeit-Zielverfolgung bei Tag und Nacht, ein kreiselstabilisiertes elektrooptisches/Infrarot-Bildsystem von TASE™ in einer kardanischen Aufhängung, Sensoren für die 3D-Kartierung, ein Lidar-Radar mit synthetischer Apertur, ein Kommunikationsrelais, Geräte für Fernmeldeaufklärung und elektronische Aufklärung sowie die üblichen Positionsleuchten. Die Echtzeitdaten der Sensoren werden über eine Datenverbindung (L, S oder C-Band) an den Bediener übermittelt. Mit Hilfe eines Flugsteuerungsprozessors und der Bordsensoren sorgt ein Piccolo-Autopilot für einen völlig autonomen Flug.

Die Jump 20 wurde vom US Special Operations Command (USSOCOM) für das Programm Drohnensystem mittlerer Ausdauer (MEUAS) ausgewählt, Lieferzeit und Mengen wurden nicht festgelegt. Mit ihren einzigartigen Fähigkeiten kann die Jump 20 den Spezialkräften in einer Reihe taktischer Szenarien erweiterte Nachrichtengewinnung, Überwachung und Aufklärung mit ihren zahlreichen Sensoren bieten. Die Royal Australian Navy hat das System ebenfalls für ihr taktisches Drohnenprogramm erwogen. Mit ihrem Senkrechtstart ist die Jump 20 besonders geeignet für Operationen an Bord von Marineschiffen. Sie war auch Mitbewerberin bei der Auswahl für das zukünftige taktische Drohnensystem der US Army (FTUAS).

▶ TEXTRON AEROSONDE HQ

Das kleine Drohnensystem Aerosonde HQ setzt auf eine Hybrid-Quadrotortechnologie für Senkrechtstart und -landung unabhängig von einer Startbahn. Man benötigt für den Einsatz kein weiteres Gerät außer der System-Kontrollstation. Vier Mann können das System in unter 20 Minuten auspacken und starten.

Aufgrund ihrer niedrigen optischen und akustischen Signaturen kann die HQ für verdeckte Operationen ebenso eingesetzt werden wie für Expeditions- und Seeoperationen. Sie kann vielfältig ausgerüstet werden, unter anderem mit Radar mit synthetischer Apertur, Gerät für Fernmelde- und elektronische Aufklärung, 3D-Kartierung, Tag- und Nacht-Vollbewegungsvideo und einem Relais für die Sprachübertragung.

Um einen autonomen Flug zu programmieren, muss der Bediener kaum mehr als einen Knopf drücken. Die HQ wechselt dann vom Senkrechtstart zum Horizontalflug und begibt sich auf ihren Einsatz. Sie verfügt über vier Quadrotoren, die an Auslegern sitzen, die von den

TROJAN
Die hybride VTOL-Drohne Trojan bietet dem Betreiber die taktischen Vorteile von Senkrechtstart und -landung kombiniert mit der Geschwindigkeit und Reichweite eine Starrflüglers.

Flügeln aus nach vorn und hinten verlaufen. Den Schub für den Vorwärtsflug besorgt ein Lycoming EL-005-Schwerölmotor, der einen Druckpropeller am hinteren Ende des Rumpfes antreibt.

▶ BLUEBIRD THUNDERB

Die ThunderB ist eine kleine taktische VTOL-Drohne mit hoher Ausdauer und großer Reichweite. Sie verfügt über starre Flügel. Die vertikalen Rotoren befinden sich an Auslegern unter jedem Flügel. So verbindet die ThunderB die Vorteile des Senkrechtstarts mit den Vorteilen von konventionellen Flugzeugen, nämlich Tempo und Reichweite.

Mit einer Reihe von Sensoren an Bord bietet die ThunderB Nachrichtengewinnung, Überwachung, Zielerfassung und Aufklärung (ISTAR) sowie Möglichkeiten der Kommunikation. Die Nutzlast umfasst eine Infrarotkamera, eine Tageslichtkamera und einen Laserpointer. Dazu kann sie auch kreiselstabilisiertes photogrammetrisches Gerät für die Kartierung in hoher Auflösung mitführen. Sie startet und landet automatisch und kann auch bei ungünstigen Wetterbedingungen operieren. Zum System gehört noch ein schnell einrichtbares, leicht tragbares und intuitives Bodenkontrollsystem. Mit ihrer niedrigen akustischen, optischen, Wärme- und Radarsignatur ist sie ideal für Einsätze bei den Spezialkräften.

TRENDSETTER

Die Auslieferung zahlreicher Hybrid-VTOL-Drohnen vom Typ WanderB und ThunderB an eine nicht genannte europäische Streitkraft war nicht nur ein einmaliges millionenschweres Geschäft. Sie zeigt auch deutlich den Trend hin zu kleinen und mittleren tragbaren Drohnen dieser Bauart. Einige dieser neuen Drohnen wurden für die Spezialkräfte bestellt. Das unterstreicht die operationelle Bedeutung der Hybrid-VTOL-Drohnen. Die israelischen Systeme WanderB und ThunderB bieten den Spezialkräften und anderen Infanterietruppen Flexibilität im Einsatz und liefern Echtzeitnachrichten und Lageaufklärung. Sie haben Fähigkeiten zur Nachrichtengewinnung, Überwachung, Zielerfassung und Aufklärung. So sind die Spezialkräfte auf dem sich ständig verändernden modernen Gefechtsfeld immer einen Schritt voraus. WanderB und ThunderB können von zwei Mann bedient und rasch eingesetzt werden. Sie können sowohl bei Tag als auch bei Nacht operieren.

▶ AERONAUTICS TROJAN

Die Trojan ist eine senkrecht startende und landende Drohne, die aber auch den konventionellen Vorwärtsflug beherrscht. An den vier Auslegern sitzt jeweils ein Satz senkrechter Rotoren. Für den Vorwärtsflug sorgt ein Druckpropeller hinten am Rumpf.

Sowohl Nachrichtengewinnung, Überwachung und Aufklärung sowie Langzeitüberwachung großer Gebiete sind ihre Aufgaben. Neben der Optiksuite vorn am Rumpf verfügt die Drohne über zahlreiche Sensoren. Nachrichtendienstliche Informationen an Bord kann sie auswählen, um mit den Kräften, die den größten Bedarf haben, schneller zu kommunizieren. Sie ist entweder über Funk oder über Satellitenkommunikation mit der Bodenkontrollstation verbunden, die nur einen Bediener benötigt und gleichzeitig bis zu vier Drohnen steuern kann. Mit ihrer Anpassungsfähigkeit und Agilität eignet sich die Trojan besonders für Einsätze der Spezialkräfte.

UKRSPECSYSTEMS PEOPLE'S DRONE PD-1

Herkunftsland	Ukraine
Hersteller	UkrSpecSystems
Betreiber	ukrainische Streitkräfte
Erstflug	2016
Abmessungen	Länge 2,50 m Höhe k. A. Spannweite 4,70 m
Startgewicht max.	45,0 kg
Antrieb	Zweizylinder-Viertaktmotor
Höchstgeschwindigkeit	140 km/h
Reichweite/Flugdauer	100 km oder 10 Stunden
Dienstgipfelhöhe	3.000 m (9.800 ft)
Bewaffnung	keine

▶ UKRSPECSYSTEMS PEOPLE'S DRONE PD-1

Zur elektrooptischen/Infrarot-Nutzlast dieser kleinen VTOL-Drohne gehören eine Tageslichtkamera und eine Wärmebildkamera. Die Drohne kann entweder vom Piloten unterstützt oder auch autonom fliegen. Für den Senkrechtstart der PD-1 sorgen vier Rotoren an den Auslegern unter den Flügeln.

PEOPLE'S DRONE PD-1

Die PD-1 wurde mit Crowdfunding entwickelt und ist für die ukrainischen Streitkräfte an der Front ein Auge am Himmel.

XQ-58A VALKYRIE
Eine Drohne XQ-58A Valkyrie beim Start auf dem Erprobungsplatz Yuma der US Army in Arizona im Dezember 2020.

KAPITEL 5: BEWAFFNETE UND UNBEWAFFNETE DROHNEN DER ZUKUNFT

STEUERGERÄT

Ein Luftwaffensoldat der Canon Air Force Base sitzt 2014 in Hurlburt Field, Florida, am Steuergerät einer MQ-9 Reaper. Die vielseitigen Drohnen der nächsten Generation werden eine immer wichtigere Rolle bei Luftoperationen spielen.

Die enorme Verbreitung der Drohne und die Zunahme ihrer Fähigkeiten im ersten Viertel des 21. Jahrhunderts stehen sinnbildlich für einen Wandel im Luftkrieg. Natürlich werden die Drohnen auch weiterhin ihren angestammten Aufgaben nachgehen, nämlich der Nachrichtengewinnung, Überwachung und Aufklärung sowie gezielten Angriffen für strategische Befehlshaber, Einheiten an der Front und Spezialkräfte, aber inzwischen sind allmählich auch Formen des Luftkriegs denkbar, die man vorher nur als Science Fiction kannte. Die Drohnen könnten bald mit Überschallgeschwindigkeit fliegen und strategische Ziele wie Flugzeugträger ausschalten. Rasch wurde das Konzept „Loyal Wingman" entwickelt. Dabei überlässt ein bemanntes Kampfflugzeug Angriff und Verteidigung einer mitfliegenden, halb autonomen Drohne. Sie könnte als Kräftemultiplikator wirken und die Reichweite des bemannten Flugzeugs durch ihre Bordsensoren und Waffensysteme erhöhen. Das Konzept der „Flying Missile Rail" (fliegende Flugkörper-Schiene) basiert darauf, dass ein bemanntes Flugzeug eine Reihe von Kampfdrohnen führt, von der jede intelligente Munition verschießen kann.

Das revolutionärste Konzept aber befasste sich damit, in welchem Ausmaß Drohnen autonom operieren und selbst entscheiden können, welche Ziele sich anzugreifen lohnen. Derzeit operieren Kampfdrohnen wie die MQ-9 Reaper noch so, dass der Bediener das Ziel bestimmt und die Drohne den Angriff halb autonom oder durch den Bediener gesteuert durchführt. Bei fortschrittlicheren Versionen überwacht der Bediener lediglich noch die Operation, die von der Drohne autonom ausgeführt wird.

Die Entwicklung dieser modernen Drohnen verläuft gewissermaßen parallel zur Entwicklung bemannter Kampfflugzeuge. Diese Kampfflugzeuge werden immer fortschrittlicher und aufwändiger, sodass selbst die Großmächte dazu tendieren, nur noch wenige Exemplare zu bestellen. In diesem Szenario ist die Funktion der Drohne als Kräftemultiplikator besonders wichtig, denn sie können die so entstehende Lücke zu geringeren Kosten füllen. Drohnen lassen sich preiswerter bauen als bemannte Flugzeuge, weil sie die Sicherheitssysteme zum Schutz des Piloten nicht benötigen.

Die nächste MQ

Die MQ-9 Reaper gehört zu den berühmtesten und bewährtesten Drohnen. Seit Jahren führt sie Präzisionsschläge gegen Dschihadisten und den Islamischen Staat durch und ist zu ihrem schlimmsten Feind geworden. Die MQ-9 Reaper ist zwar mehrfach modernisiert worden, damit sie sich weiterhin in den intensiveren Kampfhandlungen unter widrigen Bedingungen behaupten kann, aber in der US Air Force wird trotzdem überlegt, durch welches System sie abgelöst werden kann. Auf eine Anfrage der US Air Force haben diverse Größen der US-amerikanischen Rüstungsindustrie, darunter auch General Atomics, Hersteller der MQ-9 Reaper, sowie Lockheed Martin, Northrop Grumman, Boeing und Kratos, interessante Vorschläge unterbreitet. General Atomics hat einen Prototypen mit Düsenantrieb und Tarnkappentechnik entwickelt.

Lockheed Martin schlug einen Nurflügler mit Tarnkappentechnik vor, der an die Forderungen der US Air Force angepasst wird, während der Nurflügler von Northrop Grumman der X-47B für die US Navy ähnelt. Die Konstruktionen von Boeing und Kratos befanden sich während der Erstellung dieses Buches immer noch in der Vorbereitung. Bei all diesen Entwicklungen ist besonders auf Anpassungsfähigkeit, Überlebensfähigkeit und Erschwinglichkeit zu achten. Die Ingenieure sitzen auch über einem Konzept eines Mehrfachsystems mit einem teuren High-End-System und vielen kleineren Einwegsystemen. Die Drohne der Zukunft wird sicher über mehr Autonomie, künstliche Intelligenz und auch maschinelles Lernen verfügen. Solch ein System wird wohl Luft-Luft-Operationen durchführen und den Start ballistischer Flugkörper verhindern oder eintreffende Marschflugkörper abschießen können.

▶ BELL V-247 VIGILANT

Die V-247 kombiniert die senkrechte Steigfähigkeit eines Hubschraubers mit der Geschwindigkeit und Reichweite eines herkömmlichen Flugzeugs. Sie dient der Langzeitüberwachung, kann aber auch im Kampf fliegen, und mit dem Senkrechtstart operiert sie auf engstem Raum auf Marineschiffen und an Land. Mit ihren Plug-and-Play-Einsatzpaketen ist sie in der Lage zur elektronischen Kriegsführung, Nachrichtengewinnung, Überwachung und Aufklärung, aber auch zur Nutzung als Führung, Kontrolle, Kommunikation und Computersystem.

Die modulare Nutzlast basiert auf einer offenen Architektur und ist an Einsatzerfordernisse anpassbar. Es kommen hoch auflösende Sensoren, Sonobojen, Lidar-Laserscanning und 360°-Luft-Boden-Radar infrage. Die Bewaffnung kann mit Torpedos MK-50 oder Flugkörpern vom Typ Hellfire oder JAGM erfolgen.

BELL V-247 VIGILANT

Herkunftsland	USA
Hersteller	Bell Helicopter
Betreiber	k. A.
Erstflug	2019
Abmessungen	Länge k. A. Höhe k. A. Spannweite 19,80 m Rotordurchmesser 9,10 m
Startgewicht max.	13.381,0 kg
Antrieb	k. A.
Höchstgeschwindigkeit	560 km/h
Reichweite/Flugdauer	2.600 km oder 17 Stunden
Dienstgipfelhöhe	7.600 m (25.000 ft)
Bewaffnung	Torpedo MK-50 Flugkörper, AGM-114 Hellfire oder JAGM

BELL V-247 VIGILANT
Die einzigartige Konstruktion der V-247 Vigilant ermöglicht maximale Flexibilität bei Start und Landung.

KRATOS XQ-58A VALKYRIE

Herkunftsland	USA
Hersteller	Kratos Defense and Security Solutions
Betreiber	US Air Force
Erstflug	5. März 2019
Abmessungen	Länge 9,10 m Höhe k. A. Spannweite 8,20 m
Startgewicht max.	2.700 kg
Antrieb	Turbostrahltriebwerk/ Mantelstromtriebwerk
Höchstgeschwindigkeit	1.050 km/h
Reichweite/Flugdauer	5.500 km
Dienstgipfelhöhe	14.000 m (45.900 ft)
Bewaffnung	präzisionsgelenkte Bomben an Befestigungspunkten und in Waffenschächten

XQ-58A VALKYRIE
Eine XQ-58A Valkyrie führt im März 2021 auf dem Erprobungsplatz Yuma der US Army in Arizona den Start einer kleinen Sprengdrohne Altius-600 vor. Bei dieser Erprobung wurden zum ersten Mal die Waffenschächte im Flug geöffnet.

▶ KRATOS XQ-58A VALKYRIE

Diese Drohne mit Tarnkappentechnik wurde von Kratos für das Programm Low Cost Attritable Strike Demonstrator (LCASD) der US Air Force entwickelt. Ihre Rolle ist die eines begleitenden Loyal Wingman für die Kampfflugzeuge F-22 oder F-35. Dabei kann sie einzeln oder im Drohnenschwarm operieren. Sie führt ihre eigenen Überwachungssensoren und Waffensysteme mit und gibt dem bemannten Flugzeug Schutz, indem sie feindliches Feuer auf sich zieht und das Flugzeug durch gefährliche Lufträume leitet.

Die Valkyrie fliegt mit hoher Geschwindigkeit über lange Strecken und verfügt über Waffen in Waffenschächten und an Befestigungspunkten unter ihren Flügeln. Sie erreicht eine Höchstgeschwindigkeit von Mach 0,9 und kann in bis zu 15.240 Metern Höhe fliegen. In Zusammenarbeit mit dem Skyborg-Programm der US Air Force hat Kratos bewiesen, dass die Begleitung eines modernen Kampfflugzeugs durch ein autonomes und unbemanntes System keine Zukunftsmusik mehr ist.

▶ SKYDWELLER

Diese Drohne für mittlere Flughöhen und mit großer Ausdauer basiert auf dem bemannten Solarflugzeug Solar Impulse 2. Ausgestattet mit fotovoltaischen Zellen, nimmt die Skydweller im Flug die Strahlungsenergie der

Sonne auf und verfügt über eine praktisch unbegrenzte Ausdauer. Sie kann mit ihren Sensoren für Nachrichtengewinnung, Überwachung und Aufklärung weiträumige Gebiete permanent überwachen.

▶ SCALED COMPOSITES MODEL 437

Das Model 437 ist ein Projekt aus dem Bereich Loyal Wingman, das im Rahmen des Skyborg-Projekts der US Air Force und des Mosquito-Programms der Royal Air Force in Betracht gezogen wurde. Entwickelt wurde es bei Scaled Composites, einer Tochtergesellschaft von Northrop Grumman. Es soll eine Geschwindigkeit von Mach 0,6 und eine Flughöhe von 7.600 Metern erreichen.

▶ DASSAULT NEURON

Diese Versuchs-Drohne wurde unter der Federführung von Dassault Aviation von einem Konsortium entwickelt, an dem auch Luft- und Raumfahrtunternehmen aus Griechenland, Italien, Spanien, Schweden und der Schweiz beteiligt sind. Es handelt sich um eine Drohne mit Tarnkappentechnik, deren Einsatz in Gefechtszonen mit mittlerer bis hoher Bedrohung erfolgen soll.

Die Neuron hat einen Deltaflügel und wird von einem Strahltriebwerk Rolls-Royce/Turbomeca Adour MK951 angetrieben. Dazu hat sie einen trapezförmigen Lufteinlass und einen Auslass mit niedriger Radarsignatur. Die Waffen sind in einem Waffenschacht untergebracht. Die

MQ-28 GHOST BAT
Die von Boeing Australia entwickelte vielseitige Kampfdrohne ist für den Einsatz im Team konzipiert und begleitet bemannte Flugzeuge als Loyal Wingman und Kräftemultiplikator.

Drohne ist genauso groß wie ein konventionelles Kampfflugzeug, etwa die Rafale, und kann Geschwindigkeiten bis zu Mach 0,8 erreichen.

▶ BOEING MQ-28 GHOST BAT

Diese vielseitige Drohne mit Tarnkappentechnik wurde als fliegender Kräftemultiplikator von Boeing Airpower Teaming System in Zusammenarbeit mit der Royal Australian Air Force (RAAF) entwickelt. Sie kann die unterschiedlichsten bemannten Flugzeuge der RAAF wie die F-35A, F/A-18F, E-7A und KC-30A begleiten, Unterstützung leisten und mit Hilfe künstlicher Intelligenz auch autonom fliegen.

Die MQ-28A Ghost Bat ist modular aufgebaut. Das geht so weit, dass je nach Einsatzerfordernis der gesamte Bug ausgetauscht werden kann. Diese Kampfdrohne wurde in Australien entworfen und gebaut. Die Royal Australian Air Force hat sechs Stück bestellt, die etwa 2025 fertiggestellt sein sollen.

▶ BAE MAGMA

Die Drohne BAE Magma ist ein technologisches Entwicklungsprojekt von BAE Systems und der Universität von Manchester. Im Rahmen der Entwicklung wurden die Vorteile von Überschall-Luftstrahlen anstelle der konventionellen beweglichen Klappen zur Steuerung von Flugzeugen untersucht. Der Verzicht auf Steuerklappen bietet unter anderem den Vorteil, dass sich ohne Kanten und Spalten die Tarnkappeneigenschaften des Luftfahrzeugs verbessern. Außerdem wird es noch leichter und zuverlässiger, hat weniger bewegliche Teile und lässt sich kostengünstiger betreiben. Die Steuerung erfolgt in diesem Fall über Schubvektoren.

Die Magma ist ein pfeilförmiger Nurflügler, der derzeit noch über nach außen geneigte, senkrechte Höhenflossen verfügt. Aller Voraussicht nach werden diese aber wahrscheinlich beim fertigen Produkt auch noch entfallen.

▶ BAE TARANIS

Die BAE Taranis ist ein Entwicklungsprojekt für eine britische Drohne, die interkontinentale Einsätze fliegen kann. Ihre Einsatzgebiete sind Langzeitüberwachung, Nachrichtengewinnung, Zielauswahl sowie Angriffseinsätze. Die Taranis verfügt über Tarnkappentechnik und kann ihre Einsätze weitgehend unbemerkt ausführen.

Die Tarneigenschaften ergeben sich aus der Nurflügelkonstruktion mit niedrigem Profil, einer speziellen Beschichtung, wenigen herausragenden Elementen und einem abgeschirmten Abgasauslass.

Dazu kann die Taranis in hohem Maß autonom operieren und passt ihre Entscheidungen an die Einsatzparameter an. Die Drohne entsteht in Zusammenarbeit zwischen BAE Systems, Rolls-Royce, GE Aviation Systems, QinetiQ sowie dem britischen Verteidigungsministerium. Integrated Systems Technologies, eine Tochtergesellschaft von BAE Systems, ist für Führung, Kommunikation, Computersysteme, Nachrichtenwesen, Information, Überwachung, Zielerfassung sowie Aufklärung zuständig.

Ähnlich wie das Schulflugzeug Hawk und das Kampfflugzeug Typhoon basiert die Taranis auf einer offenen

BAE TARANIS

Herkunftsland	Großbritannien
Hersteller	BAE Systems
Betreiber	k. A.
Erstflug	10. August 2013
Abmessungen	Länge 12,43 m Höhe 4,00 m Spannweite 10,00 m
Startgewicht max.	8.000,0 kg
Antrieb	Mantelstromtriebwerk Rolls-Royce Adour
Höchstgeschwindigkeit	Überschall
Reichweite/Flugdauer	k. A.
Dienstgipfelhöhe	18.280 m (60.000 ft)
Bewaffnung	Lenkflugkörper

TARANIS
Mit Hilfe der Tarnkappentechnik kann die Taranis ihr Radarprofil reduzieren.

Systemarchitektur. Das von BAE Systems entwickelte Bilderfassungs- und -auswertungssystem ermöglicht die autonome Sammlung und Verteilung hoch auflösender Bilder. Technisch basiert die Taranis auf den früheren Drohnenprogrammen von BAE Systems wie Kestrel, Raven, Corax and HERTI.

▶ BAYKAR TB3

Die TB3 ist eine modernisierte und stärkere Version der Baykar TB2. Sie kann mehr Nutzlast mitführen als die TB2 und verfügt über Klappflügel, die auf engem Raum wie auf einem Schiffsdeck von Vorteil sind. Sie wird über bis zu sechs Befestigungspunkte für Waffen verfügen, wobei zahlreiche präzisionsgelenkte Raketen möglich sind. Die türkische Marine möchte die Drohne auf dem geplanten Flugzeugträger TCG Anadolu einsetzen.

▶ BAYKAR KIZILELINA

Die Baykar Kizilelina gehört zum Projekt MIUS und ist eine Kampfdrohne, die ihre Einsätze von Bord des geplanten Flugzeugträgers TCG Anadolu der türkischen Marine aus fliegen soll. Es handelt sich um ein Kampfdrohnensystem der fünften Generation, welches mit ähnlichen Konzepten anderer Nationen konkurrieren

MOBILER SCHUTZ DER TRUPPE

Rüstungsprojekte gehen immer in zwei Richtungen. Einerseits gibt es Technologien zum Aufspüren und Vernichten des Gegners, aber gleichzeitig muss man auch nach Methoden suchen, die eigenen Kräfte vor dem Gegner zu schützen. Die enorme Entwicklung der Drohnentechnologie setzt die konventionellen Kräfte, wie zum Beispiel Soldaten in einer Fahrzeugkolonne, immer mehr der Gefahr eines Drohnenangriffs aus. Die Drohnen können plötzlich im Schwarm auftauchen und die Bodenkräfte in ihren Standardfahrzeugen überwältigen. Daher müssen neue Systeme entwickelt werden, die solche Angriffe bereits aus sicherer Entfernung erkennen und die Drohnen vernichten, bevor sie Schaden anrichten können. Wie immer in der Drohnentechnologie müssen diejenigen, die zuschlagen, auch das Gegenmittel entwickeln.

PANZERJÄGER

Ein angeblich von einer Drohne vernichteter Panzer in North Wollo in Äthiopien im Januar 2022. Konflikte in Afrika, im Nahen Osten und in Osteuropa haben gezeigt, dass die Drohnen bei Luft-Boden-Angriffen immer effektiver werden.

BAYKAR KIZILELINA
Die Baykar Kizilelina befindet sich derzeit noch in der Entwicklung und ist die erste türkische Drohne mit Düsenantrieb.

soll. Die Anadolu ist als Plattform für Kampfdrohnen vorgesehen, zu denen auch die Baykar TB3 gehört. Der Träger könnte bis zu 80 Drohnen aufnehmen.

Die MIUS-Drohnen werden höchst flexibel und agil sein und außerdem senkrecht starten und landen können. Geplant sind eine Höchstgeschwindigkeit von Mach 0,8 oder mehr und eine Ausdauer von fünf Stunden. Die Bewaffnung kann je nach Einsatzerfordernissen aus Luft-Luft-Flugkörpern, Marschflugkörpern oder gelenkten Raketen bestehen.

Der erste Flug der Kizilelina fand am 14. Dezember 2022 statt. Größere Waffen finden in Waffenschächten Platz, während es Befestigungspunkte unter den Flügeln für kleinere gibt. Es handelt sich um eine schwanzlose Konstruktion, die jedoch mit zwei schräg stehenden

BAYKAR KIZILELINA

Herkunftsland	Türkei
Hersteller	Baykar Technology
Betreiber	k. A.
Erstflug	14. Dezember 2022
Abmessungen	Länge 14,70 m Höhe 3,30 m Spannweite 10,00 m
Startgewicht max.	8.500,0 kg
Antrieb	Mantelstromtriebwerk
Höchstgeschwindigkeit	735 km/h
Reichweite/Flugdauer	930 km
Dienstgipfelhöhe	14.000 m (45.900 ft)
Bewaffnung	Lenkflugkörper oder Bomben

LOYAL WINGMAN

Der Begriff „Loyal Wingman" beschreibt ein Teamsystem, das von Boeing und anderen Luft- und Raumfahrtunternehmen entwickelt wurde. Dabei fliegen ein bemanntes Luftfahrzeug und seine begleitenden Drohnen mit denselben Einsatzparametern. Das Konzept stammt aus dem Skyborg-Projekt des US Air Force Research Laboratory. Dieses Projekt folgt der Logik, dass die steigenden Kosten für bemannte Hightech-Kampfluftfahrzeuge zu weniger Luftfahrzeugen führen, sodass der Verlust eines jedes Einzelnen schwerer wiegt.

Durch die Kooperation halb autonomer Drohnen mit bemannten Kampfflugzeugen sollen die Kosten reduziert werden, während gleichzeitig die Kampfmasse der Luftwaffe erhalten bleibt. Da die Loyal-Wingman-Drohnen kostengünstiger sind und keinen Piloten an Bord haben, gelten sie als „wirtschaftlich", das heißt, dass ein Verlust oder eine Beschädigung keine großen finanziellen oder taktischen Auswirkungen haben. Diese Drohnen werden zwar vom Piloten oder Kopiloten des Mutterflugzeugs gesteuert, verfügen aber über genügend Autonomie und Einsatzwissen, um ihren Auftrag selbstständig durchzuführen. Der kann darin bestehen, das bemannte Flugzeug vor Angriffen zu schützen, indem sie über ihre Bordsensoren Informationen liefern oder feindliche Radarstationen oder Raketenbatterien erkunden und notfalls zerstören, um einen freien Korridor für das bemannte Flugzeug zu schaffen.

Das Skyborg-Projekt war so erfolgreich, dass nun kleine und große Luft- und Raumfahrtunternehmen einsatzfähige Drohnen für weitere Erprobungen entwickeln. Damit ist der Weg für gemeinsame Einsätze von Drohnen und Flugzeugen in naher Zukunft offen.

UNTERSTÜTZUNG DER F-22 RAPTOR

Eine künstlerische Darstellung einer Lockheed Martin F-22 Raptor mit drei Loyal-Wingman-Drohnen.

SYAC DIVINE EAGLE
Die Divine Eagle ist die derzeit größte Drohne in China und eine ernst zu nehmende Gefahr für die USA.

Höhenflossen ausgestattet ist. An beiden Seiten des Rumpfes gibt es Lufteinlässe. Die MIUS-Drohnen werden sowohl mit künstlicher Intelligenz als auch intelligenter Flottenautonomie ausgerüstet sein. So unterstützen sie entweder bemannte Flugzeuge als Loyal Wingman oder fliegen autonom.

▶ SYAC DIVINE EAGLE

Über diese Drohne sind noch nicht alle Informationen bekannt. Man geht aber davon aus, dass es sich um die größte Drohne in der chinesischen Flotte handelt und sie in etwa so groß ist wie die Global Hawk.

Die Divine Eagle ist eine Drohne für große Flughöhen mit langer Ausdauer und besitzt einen Strahlantrieb. Sie hat zwei Ausleger und niedrig angesetzte Flügel. Zwischen den beiden senkrechten Höhenflossen auf der Haupttragfläche befindet sich ein Turbostrahltriebwerk. In der gewölbten Bugpartie sitzen vermutlich Radome und die Sensorsuite. Weitere Kuppeln auf dem Rücken des Rumpfes enthalten die Satellitenkommunikation oder anderes einsatzbezogenes Gerät.

Die Divine Eagle kann bis zu sieben AESA-Radargeräte an Bord nehmen. Für Start und Landung gibt es ein Dreibeinfahrwerk. Entwickelt wurde die Divine Eagle vermutlich zur Unterstützung von Schiffsabwehrraketen. Aus diesem Grund stellt sie eine erhebliche Bedrohung für die Marineschiffe der Vereinigten Staaten und ihrer Verbündeten dar.

SYAC DIVINE EAGLE

Herkunftsland	China
Hersteller	Shenyang Aircraft Corporation
Betreiber	Chinesische Streitkräfte
Erstflug	2020
Abmessungen	Länge 4,70 m Höhe 1,80 m Spannweite 10,50 m
Startgewicht max.	270,0 kg
Antrieb	Turbostrahltriebwerk
Höchstgeschwindigkeit	150 km/h
Reichweite/Flugdauer	3 – 5 Stunden
Dienstgipfelhöhe	k. A.
Bewaffnung	Lenkflugkörper und gelenkte Bomben

FOTOHINWEISE

ADCOM Systems: 107
Aeronautics Group: 56, 58–59, 60–61, 62, 128
AeroVironment: 119
Airbus: 49, 112–113 (Thierry Rostang), 120 (Eric Raz)
Alamy: 7 (Dino Fracchia), 8–9 (PJF Military Collection), 12/13 (Uber Bilder), 45 (Sipa US), 67 (Stocktrek Images), 75 (Reuters), 92/93 (dpa picture alliance), 96–97, 102–103 (Mariusz Burcz), 140 (Mariusz Burcz)
Amber Books: 36 unten
Athlon Avia: 71
Australia Department of Defence: 136
BAE Systems: 137
Baykar: 139
Bell Flight: 133
Dreamstime: 24–25 (Zhukovsky), 101 (Qwer230586), 106 (Id1974)
Elbit Systems: 66
General Atomics: 88–89, 90–91
Getty Images: 10 (Hulton Archive), 30–31 (Etienne De Malglaive/Gamma-Rapho), 32–33 (Wolfgang Schwan/Anadolu Agency), 52–53 (Bloomberg), 54–55 (Bloomberg), 57 (Jack Guez/AFP), 70 (Vyacheslav Oseledko/AFP), 78 (Ukrinform/Future Publishing), 94 (Karim Sahib/AFP), 95 (Bloomberg), 100 (Ukrinform/Future Publishing), 104 (Anadolu Agency), 105 (Adem Altan/AFP), 109 (Power Sport Images), 110 (Noel Celis/AFP), 111 (Visual China Group), 121 (Karim Sahib/AFP), 124 (AFP), 138 (J Countess)
Israel Aerospace Industries: 68–69
Israeli Defense Forces Spokesperson's Unit: 63 (Amit Agronov)
Licensed under the Creative Commons Attribution-Share Alike 4.0 International Licence: 64–65 (Ronite), 74 (AnthonyWK), 108 (Mztourist)
Lockheed Martin: 50
National Archives and Records Administration: 28
Northrop Grumman: 20–21, 115
Prox Dynamics: 48
Public Domain: 22/23 (Daderot), 30 links
Smithsonian National Air and Space Museum: 15
Shutterstock: 73 (Konstantin Baidin), 99 (Oleksiichik)
Stock.Adobe.com: 3 (sommersby), 5 (dsheremeta)
UK MOD Crown Copyright: 6 (Cpl Steve Buckley), 51 (Cpl „Matty“ Matthews), 117 (Captain Dave Scammell)
Ukrspecsystems: 129
Skeldar: 122–123
U.S. Air Force: 26–27 (Jim Shryne), 29, 76–77 (Tech Sgt Emerson Nunez), 80–81 (Airman 1st Class William Rio Rosado), 84–85 (Tech Sgt Effrain Lopez), 86 (Senior Master Sgt Paul Holcomb), 87, 130–131 (Staff Sgt Joshua King), 132 (Staff Sgt John Bainter), 134–135
U.S. Army: 34–35 (Staff Sgt Isolda Reyes), 42 (Spc Lusita Brooks), 43 oben (Army Sgt Laura L Bonano), 43 unten (Spc Dustin Biven), 82 (Sgt Jeremiah Woods), 127 (Spc Andrew Wash)
U.S. Department of Defense: 126 (Sarah Tate)
U.S. Department of Energy ARM: 16
U.S. Marine Corps: 14 (Lance Cpl Brandon Roach), 17 (Lance Cpl Matthew K Hacker), 18 (Lance Cpl Brian A Jaques), 38 (Gunnery Sgt Shannon Arledge), 40–41 (Gunnery Sgt Adaecus Brooks), 46 (Cpl Alexis Moradian), 79 (Lance Cpl Colton Brownlee), 83 (Lance Cpl Robert R Carrasco), 125 (Lance Cpl Manuel Alvarado)
U.S. Navy: 19 (SMC Jayme Pastoric), 36 oben (Erik Hildebrandt), 37, 39, 44 (MC2 Jeff Atherton), 47 (Colbey L Livingston), 114 (Kurt M Lengfield), 116 (MC3 Charles DeParlier), 118 oben (MC3 Derek A Harkins) 118 unten (MC1 Todd Stafford)

Ebenfalls im Wieland Verlag erschienen:

www.wieland-verlag.com

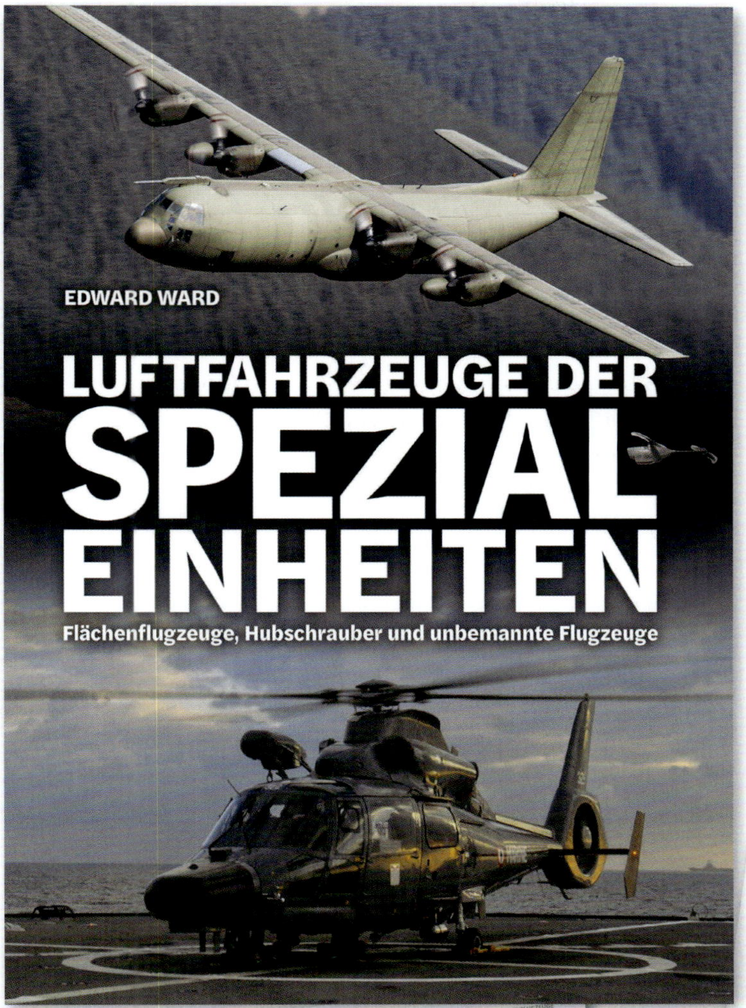

Edward Ward

LUFTFAHRZEUGE DER SPEZIALEINHEITEN

Flächenflugzeuge, Hubschrauber und unbemannte Flugzeuge

Spezialeinheiten spielen in der heutigen Zeit eine immer größere Rolle und werden in den Kriegsgebieten für Aufklärung, Nachrichtendienste, Attentate und kleinere Militäroperationen eingesetzt. Sowohl militärische als auch zivile Flugzeuge werden dafür so angepasst, dass sie schnell und mit umfassender technischer Unterstützung verwendet werden können.
Dieses Buch ist nach Typen gegliedert und bietet eine kompakte Übersicht über die wichtigsten Starrflügler, Hubschrauber und unbemannten Luftfahrzeuge (UAVs), die weltweit von Spezialeinheiten eingesetzt werden.

144 Seiten, Format 213 x 285 mm, Hardcover

ISBN 978-3-948264-22-2

EUR 29,90

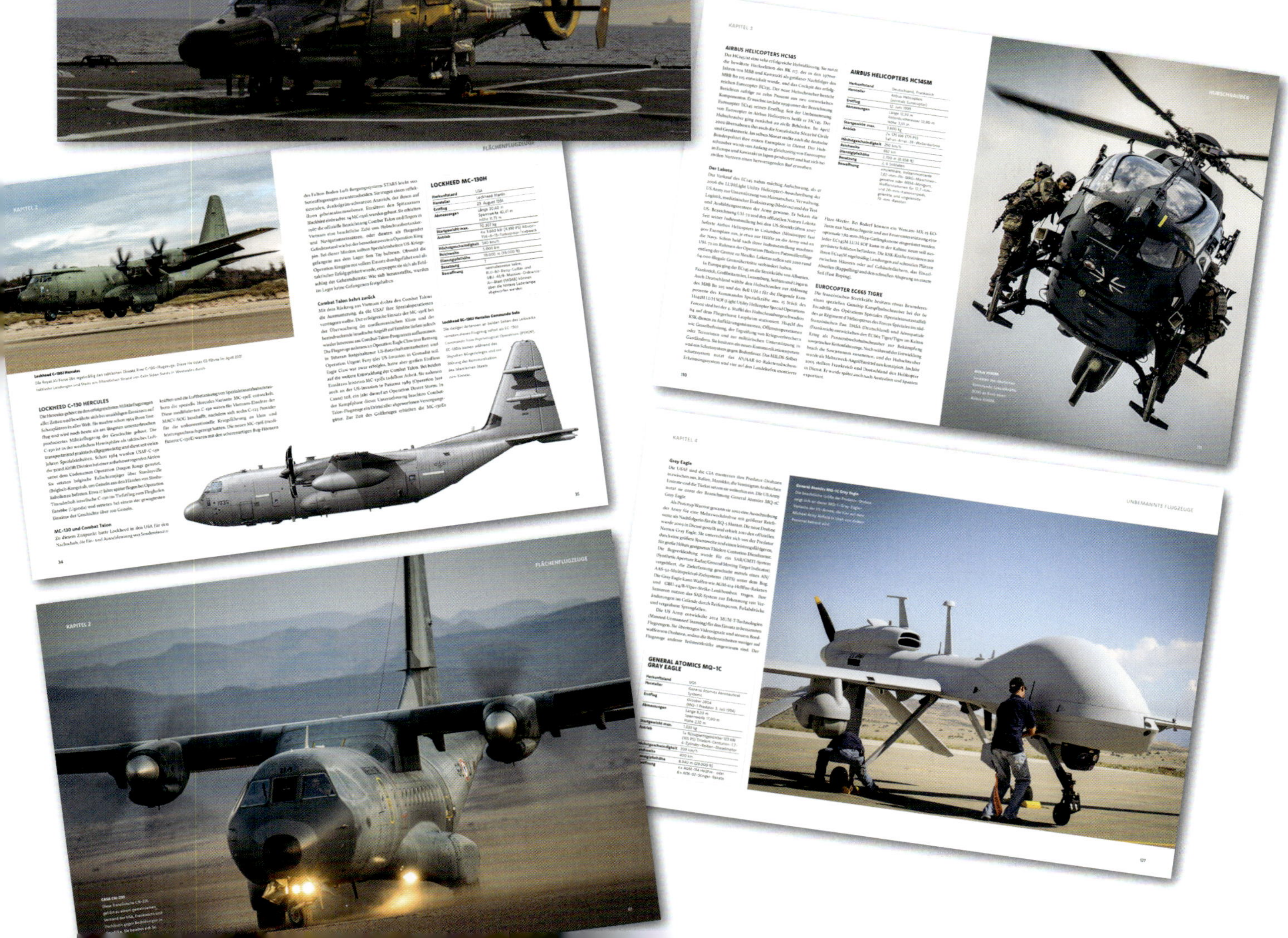

Ebenfalls im Wieland Verlag erschienen:

www.wieland-verlag.com 

Thomas Newdick

MILITÄRFLUGZEUGE

Die berühmtesten Kampfflugzeuge, Bomber und Transportmaschinen vom 1. Weltkrieg bis heute

Die 52 berühmtesten Militärflugzeuge der Welt – vom 1. Weltkrieg bis ins 21. Jahrhundert. Alle Modelle sind ausführlich dargestellt in großartigen Illustrationen und Fotos, mit technischen Daten und den wichtigsten Highlights. Diese Maschinen haben Einsätze geflogen in beiden Weltkriegen, in Korea, Vietnam, im Irak und in Afghanistan, in Syrien und der Ukraine und dabei wesentlich den Verlauf der Geschichte beeinflusst.

224 Seiten,
Format 213 x 285 mm,
Hardcover

ISBN 978-3-948264-12-3

EUR 39,90

Ryan Cunningham

MODERNE MILITÄRFLUGZEUGE

Jagdflugzeuge, Bomber, Transporter, Aufklärer und Überwachungsflugzeuge

Dieses Buch bietet einen umfassenden Überblick über die Militärflugzeuge, die aktuell weltweit im Einsatz sind. Gegliedert nach Einsatzzweck und Generationen werden 67 Flugzeugtypen detailliert vorgestellt – in Fotos und mehr als 100 kunstvollen Illustrationen. Technische Daten und Zusatzinformationen runden das Werk ab.

128 Seiten,
Format 213 x 285 mm,
Hardcover,

ISBN 978-3-948264-19-2

EUR 29,90